걸어서
# aruco

도쿄

## 카페 순례

# 이번 휴일도
# 언제나와 같은 정해진 코스?

'모두 가는 것 같으니까'
'왠지 인기 있는 것 같으니까'
일단 찜해두자.
하지만 정말로 그런 것만으로 괜찮을까?

겨우 얻어낸 휴일이잖아.
이왕이면 평소와는 조금 다른,
소중한 하루를 만들고 싶지 않아?

『aruco』는 그런 당신의
'작은 모험' 심을 응원합니다!

◆ 여성 스태프 사이에서 비밀로 해두고 싶었던 감춰둔 장소와 대박 점포를
과감하게, 듬뿍 소개합니다!

◆ 안 가면 후회하게 될 머스트 명소 etc. 는
다른 사람보다 한층 더 즐길 수 있는 법을 알려드립니다!

더욱더
새로운 놀라움과 감동이
우리를 기다리고 있다.

◆ '도쿄에서 이런 걸 하고 왔다구♪'
친구에게 자랑할 수 있는 체험이 가득합니다.

자, "나만의 도쿄 나 홀로 스팟"을 발견하러
작은 모험을 떠나자!

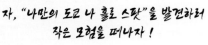

aruco 에는 당신의 작은 모험을 서포트하는
미니 정보를 가득 실어 놓았습니다.

aruco 스태프의 독자적 조사에 의한 추천과 솔직한 코멘트도 듬뿍 소개 하였습니다.

어떤 모험으로 할까?

더 저렴하고 쾌적하게, 한정된 시간 동안 여행을 즐기는 테크닉과 비법 전수!

알아 두면 이해가 깊어지는 정보, 조언 등을 알기 쉽고 간단하게 정리 했습니다.

58  「オガワコー

를 楽しめる。  59

오른쪽 페이지의 아래쪽에는 편집 부, 왼쪽 페이지 아래쪽에는 여행을 좋아하는 여성들의 리뷰를 게재했습 니다.

## 뷰맛집 카페 즐기기

**TOTAL 1.5~2시간**

 10:00~ 19:00

1500 3000엔

 계절, 날씨, 시간대를 확인하자
느긋하게 즐기고 싶다면 혼잡한 점심시간대 는 피하자. 야경을 보러 간다면 해가 진 직후 의 황혼시간대를 추천. 벚꽃이 아름다운 곳 은 개화 시기에 최고의 전망을 즐길 수 있지 만 많은 사람이 몰려 붐비므로 조기 예약.

작은 모험 플랜에는 예산과 소요시간 의 대략적 기준, 조언 등을 알기 쉽 게 정리했습니다.

### ■ 발행 후 정보 갱신과 정정에 대하여
발행 후에 변경된 정보들은 '지구를 걷는 법' 홈페이지 [갱신 · 정정 정보]에서 가능한 한 안내하고 있습니다.(호텔, 레스토랑 요금 변 경 등은 제외) 여행 전에 확인하십시오.
URL www.arukikata.co.jp/travel-support/

## 가게 정보 아이콘

| | | | |
|---|---|---|---|
| 🏠 …… 주소 | | 예 …… 예약 필요성 |
| ☎ …… 전화번호 | | 교 …… 교통 접근성 |
| 🕐 …… 영업시간, 개관시간 | | URL …… 웹사이트 주소 |
| 휴 …… 휴관일, 정기휴일 | | 인 …… 인스타그램 |
| 요 …… 요금, 예산 | | ✉ …… 메일 주소 |

## [부록] 지도상의 주요 아이콘

| | | |
|---|---|---|
| ❈ …… 볼만한 곳 | | H …… 호텔 |
| R …… 레스토랑 & 바 | | B …… 뷰티 & 스파 |
| C …… 카페 | | E …… 엔터테인먼트 |
| S …… 샵 | | |

## 도쿄의 카페에서 작은 모험！
## 얘들아, 어디 갈래? 뭐 할래?

자신도 모르게 사진을 찍고 싶어지는 인스타각 카페도
역사가 숨 쉬는 옛날민가 ( 民家 ) 카페도
도쿄에는 멋진 카페가 많다♡
팍 꽂힌 곳에는
동그라미로 표시해 두자!

이국정서 만점!
도쿄에서 체험하는 세계여행

P.18
→

맛도 모양도 퍼펙트!
최강 디저트를 찰칵☆

P.26
→

여유 있는 풍경이 흐르는
쇼와 (昭和) 레트로 찻집이 좋다!

P.34
→

카페에 푹 잠기자
이것은 꼭 하고 싶다 ! 먹고 싶다 ! 사고 싶다 !

모닝 , 런치 , 밤 카페에 GO~!
시간대별 카페 공략

P.38 →

도쿄를 대표하는 풍경을 즐길 수 있는
aruco 가 추천하는 절경 카페는 여기

P.42 →

맛있겠다 ~!
스토리에
올리자 ♪

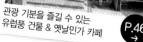

관광 기분을 즐길 수 있는
유럽풍 건물 & 옛날민가 카페

P.46 →

의외의 콜라보에 놀라움 !
유니크 테마 카페

P.50 →

커피 , 홍차 , 일본차
오늘은 어떤 기분 ?

P.58 →

멋지게 차려입고 가고 싶은
호화스러운 애프터눈 티

P.66 →

갓 구워낸 향기의 유혹
매일 가고 싶은 베이커리 카페

P.72 →

숲에 둘러싸인 편안한 공간에서
한숨을 돌리며

P.78 →

# Contents

## 도쿄에서 카페 순례를 마음껏 즐기자! 숨겨둔 작은 모험

Let's go!

## 맛도 분위기도 대만족!  도쿄 테마별 카페 안내

카페    쇼핑    산책    정보

# 3분만에 알 수 있다! 도쿄 간단 지역 내비

무수히 많은 도쿄의 멋진 카페. 우선 이 책에서 소개하는 주요 지역의 위치를 파악하고
'도쿄 카페 순례' 플랜에 이용하자!

*Area Navi*

주요 & 주목할 지역 check!

최첨단의 도쿄를 느낄 수 있는 지역
## 오모테산도(表参道) P.96
## 하라주쿠(原宿) P.97

카페를 좋아하는 사람이라면 누구나 한번은 들어본 적이 있는 유명 점포가 모여 있는 오모테산도(表参道). 골목에 들어가면 개성이 빛나는 숍을 찾을 수 있다. 젊은 문화의 발신지 하라주쿠(原宿)에서는 유행하는 드링크스탠드(ドリンクスタンド, 테이크아웃 전문점)와 최신 동물 카페에 주목!

오모테산도(表参道)의 은행나무 가로수

가볍게 술이 가능한 지역
## 에비스(恵比寿) P.99
## 나카메구로(中目黒) P.98

고메버거(Gourmet Burger), 정통버거 그르메버거-), 파르페 등 음식에 공을 들이는 카페가 많은 에비스(恵比寿). 역에서부터 메구로가와(目黒川) 주변에 걸쳐 멋진 개인영업 점포와 커피숍이 많은 나카메구로(中目黒). 계절을 즐기며 천천히 산책해 보고 싶다.

디저트 좋아하는 사람을 위한 초 직벳
## 지유가오카(自由が丘) P.104

석조 건물이 늘어선 거리 풍경에 카페와 잡화점, 부티크 등이 모여 있는 감성의 타운. 디저트점이 많은 것도 특징. 먹고 걸으면서 즐길 수 있다.

일본의 수변경치 느낌이 강한 츄오선(中央線)의 인기 있는 역
## 니시오기쿠보(西荻窪) P.112
## 기치조지(吉祥寺) P.113

최근 몇 년간 유니크한 콘셉트의 카페와 레스토랑이 증가하고 있는 니시오기쿠보(西荻窪). 이웃에 있는 기치조지(吉祥寺)는 역사가 살아 있는 찻집부터 다국적 에스닉 요리점까지 베리에이션이 풍부. 디저트를 사서 이노카시라(井の頭)공원에서 피크닉하는 것도 즐겁다.

디저트를 사서 공원으로~

— 지도 내 지명 —

이케부쿠로 池袋
기치조지 吉祥寺 Kichijoji
니시오기쿠보 西荻窪 Nishiogikubo
타카다노바바 高田馬場
신오쿠보 新大久保
가구라자카 神楽坂 Kagurazaka
마루노우치선 丸ノ内線
유라쿠초선 有楽町線
토자이선 東西線
青梅 오메
三鷹 미타카
신주쿠 新宿
후쿠토신선 副都心線
센다가야 千駄ヶ谷
소부선 総武線
한조몬선 半蔵門線
原宿 Harajuku 하라주쿠
요요기우에하라 代々木上原
시모키타자와 下北沢
代々木公園
北参道 키타산도
青山一丁目 아오야마잇초메
中央線 츄오선
치요다선 千代田線
롯폰기 六本木
치요다선 千代田線
渋谷 Shibuya 시부야
三軒茶屋 산겐자야
代官山 다이칸야마
表参道 Omotesando 오모테산도
오모테산도 히비야선 日比谷線
아자부주반 麻布十番
自由が丘 Jiyugaoka 지유가오카
中目黒 Nakameguro 나카메구로
나카메구로
恵比寿 Ebisu 에비스
에비스
目黒 메구로
내선순환
야마노테선 山手線
시나가와 品川
Welcome to Tokyo

편리한 터미널역도 check!

에도(江戸)의 현관가 못 되는 지역

## 도쿄(東京)역

도쿄의 현관인 도쿄역. 100여 년 전 창건 시의 모습으로 재생한 벽돌 건물이 아름답습니다. 역내의 레스토랑과 숍 순례를 즐길 수 있다.

젊은 활기로 가득

## 신주쿠(新宿)역

5개 철도 회사 11개 노선이 들어섰다. 누구나가 아는 거대한 신주쿠(新宿) 터미널은 승객수가 세계 제일! 고속버스 터미널인 '버스터 신주쿠(バスタ新宿)'까지 갖춘 교통의 허브.

애들천지(?)/거대한 길목

## 이케부쿠로(池袋)역

야마노테(山の手) 지역 3대 부도심 중 한 곳으로 이바라키(茨城), 도치기(栃木), 군마(群馬), 사이타마(埼玉), 가나가와(神奈川)에서도 노선이 이어지는 거대 터미널역. 지하철은 총 3개 노선.

댐급 터널 & 번호에댐드

## 기타센주(北千住)역

서정적인 교외 감성이 맴도는 기타센주(北千住)는 JR조반(常磐)선, 도쿄 메트로 치요다(千代田)선 · 히비야(日比谷)선, 도부東武철도, 츠쿠바(つくば) 익스프레스 등 5개 노선이 들어오는, 일본에서 손꼽는 터미널 역.

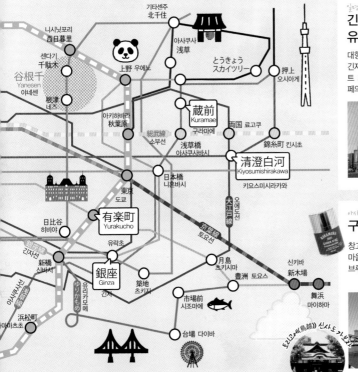

일명 '긴자(銀座) 산책'을 즐기는 어른의 거리

## 긴자(銀座)· 유락초(有楽町) P.100

대형 백화점과 명품 브랜드숍이 늘어선 긴자(銀座). 대대로 내려온 전통적인 디저트 가게부터 해외의 프랜차이즈까지 카페의 베리에이션도 다채롭다.

치타로손 디저트를 즐기다

아사쿠사(浅草) 옆쪽에 있는 강변 마을

## 구라마에(蔵前) P.110

창고를 리노베이션한 카페가 모여 있는 마을 풍경이 브루클린과 닮아서 '도쿄의 브루클린' 이라고도 불린다.

구라마에(蔵前)는 장난감·도매 거리

토리고에(鳥越) 신사도 가보자!

광합성을 모토로 한 대담도 해볼 수 있다.

## 야네센(谷根千) P.108

변두리 정서가 떠도는 복고적 마을 풍경에, 개성파 카페와 숍이 산재하는 야나카(谷中)·네즈(根津)·센다기(千駄木) 지역은 거리 걷기가 즐겁다.

화려함과 현란함이 두드러진 마을 풍경이 멋지다

## 가구라자카(神楽坂) P.102

에도(江戸) 시대의 분위기가 남아 있는 거리 풍경에 유명 점포가 숨어 있다. 프랑스 요리 카페와 베이커리가 모여 있어 '쁘띠 파리' 라고도 불리고 있다.

커피 붐의 발신지!

## 기요스미시라카와 (清澄白河) P.106

'블루보틀 커피'(→P.59) 일본 1호점을 비롯한 유명 커피숍이 늘어서 있는 커피의 거리로 유명.

# aruco 인기 TOPICS

핫한 뉴스를 픽업

## 히키코모리들의 요구로 개화(開花)! 진화한 테이크아웃 메뉴

투명한 캔에 케이크를 담은 화제의 디저트. 홋카이도(北海道)의 생크림이 가득한 쇼트케이크캔과 시폰 케이크가 담긴 말랑캔은 배달 주문 가능!

밥, 샐러드, 반찬, 메인을 고르는 런치박스. 모두 곱빼기, 1품 추가, 밥을 샐러드로 변경 등 커스터마이즈 OK

배달과 테이크아웃 수요가 급격히 증가하게 된 코로나 팬데믹, 테이크아웃으로 맛있는 카페 밥과 과자, 파르페까지 즐기자! 추천 메뉴 소개!

## SHINKAKEI TAKE OUT MENU

도라노몬교자/聞 힐즈카페 → P.39

도라야키의 겉 부분과 속이 세트가 된 미니 도라야키 세트(3240엔). 집에서 자신이 좋아하는 도라야키를 만들자

화과자 쿤무 → P.65
(薫風)

소재는 물론, 디테일한 비주얼까지 정성이 빛나는 테이크아웃 파르페. 위쪽은 Princess belle, 왼쪽은 피스타치오와 프랄리네(각 880엔)

야간 파르페 전문점 → P.27
파르페테리아 별

바나나와 밤은 의외로(!?) 어울린다. 화이트 바나나 몽블랑(580엔). 5월 골든위크부터 아버지의 날까지 한정 상품

크림치즈, 팥소, 바나나가 들어간 바나나파이(320엔). 조금 데워 먹어도 맛있다.

컬러풀한 과실 파르페를 먹으면서 걷기!

INITIAL → P.26
Omotesando

위/ 포도와 초콜릿 파르페(각 994엔). 홋카이도(北海道) 소프트크림과 과일이 듬뿍
아래/ 감귤과 초콜릿(994엔)

홈카페에서 폼내자♡

## BANANA FACTORY
바나나 팩토리

생과자부터 구운과자까지 바나나를 사용한 오리지널리티 가득한 디저트가 진열된 바나나 디저트 전문점.

Map P.119-B4 무코지마(向島)

🏠 스미다구 무코지마 3-34-17
☎03-6804-6717 ⏰11:00~19:00
㊡화·수, 비정기 휴무
🚃도부철도 도쿄 스카이트리역에서 도보 4분

취향 저격 테이크아웃 메뉴의 타이완 카페, 정기구독, 애프터눈 티 활동(ヌン活)...
카페 순례 전에 일본 카페계에 새로운 바람을 불어넣는 주요 키워드를 체크해 보자.

## 다예관에서 드링크스탠드까지 타이완 카페 붐이 왔다!

타이완이 느껴지는 공간 만들기에도 공을 들인 타이완 카페가 서서히 증가 중. 다예관에서 여유롭게 즐기는 것도 좋고, 테이크아웃하여 타이완티를 여러 가지 마셔보는 것도 즐겁다.

유니크한 타이완티를 마실 수 있다!

타이완 다예관 인파인엔(桜梗苑) → P.19

본고장 타이완의 맛을 부담 없이
### KIKICHA TOKYO
키키차 도쿄

찻잎에 맞는 레시피로 한 잔
한 잔 정성껏 만든 타이완티, 후쟈오빙(후추빵)과 루러우판(돼지고기 덮밥, 타이완의 국민 음식) 같은 가벼운 식사, 두부 푸딩, 타피오카 등을 제공하는 타이완티 전문점.

**Map P.122-A1** 기치조지(吉祥寺)

⌂무사시노시 기치조지미나미초 1-9-9
☎0422-26-6457  ⏰11:00〜19:00  (휴)연중무휴
(교)JR 기치조지역 남쪽(공원) 출구에서 도보 4분

---

## 정액제가 기쁘다 카페에도 정기 구독이 속속 등장

정액요금을 지불하면 기간 중에 몇 번이라도 서비스를 이용할 수 있는 정기 구독 방식의 서비스를 제공하는 카페가 등장.

**Subscription**

1일 1잔, 좋아하는 차를 마실 수 있는 라이트 플랜 (2000엔/월)

신선한 티 메뉴를 즐길 수 있는
### CRAFT TEA 銀座
크래프트 티 긴자

'고품질의 일본차를 간단히'라는 컨셉 하에 다사(茶師, 차 전문가) 이시카와 미키히로(石川幹浩)씨가 엄선한 싱글오리진 일본차 8종류를 비롯해 차 라떼와 프로틴 차, 차 칵테일까지 라인업.

**Map P.121-B4** 긴자(銀座)

⌂추오구 긴자 4-3-1 긴자 나미키칸 GINZA 9층
☎080-6036-4158
⏰8:00〜23:00
(휴)연중무휴
(교)지하철 긴자역 C8 출구에서 도보 1분

1일 2잔, 커피 라떼차를 마실 수 있는 스탠다드 라인업 (4800엔/월)

매일 마시고 싶어지는 커피
### coffee mafia 西新宿
커피 마피아 니시신주쿠

엄선한 싱글오리진 원두만을 사용하고, 고집스러운 'mafia식 드립'으로 정성스럽게 내린 핸드드립. 로스트 비프 덮밥 등 음식 메뉴까지.

**Map P.118-C1** 니시신주쿠(西新宿)

⌂신주쿠구 니시신주쿠 6-12-16 텐쿠 MURA 2층
☎050-3033-8259
⏰8:00〜18:00
(휴)토 · 일 · 공휴일
(교)지하철 니시신주쿠역 2번 출구에서 도보 8분

스페셜티 커피 무한 리필 (4180엔/월)

테라스가 있는 개방적인 카페
### KITASANDO- COFFEE
키타산도 커피

엄선한 커피는 물론, 커피에 맞는 디저트와 음식도 즐길 수 있는 캐시리스(Cashless) 카페. 정기 구독 및 사전 주문이 가능한 모바일 오더도 도입했다.

**Map P.120-A1** 키타산도(北参道)

⌂시부야구 센다가야 4-12-8 SSU빌딩 1층
☎비공개
⏰8:00〜19:00, 토 · 일 · 공휴일 9:00〜18:00
(휴)연말연시
(교)지하철 키타산도역 1 · 2번 출구에서 도보 3분

---

## 키워드는 애프터눈 티 활동(ヌン活) 비일상적인 공간에서 애프터눈 티를

럭셔리한 고급 호텔의 라운지부터 캐주얼한 카페까지 다양한 장소에서 다채로운 스타일의 애프터눈 티를 즐길 수 있는 도쿄. 화제의 애프터눈 티 활동을 즐겨 보자

더 페닌슐라 도쿄 → P.67
The Lobby

계절 한정 메뉴로 주목!

bills → P.100
긴자(銀座)

11

카페 순례에 나서기 전 체크!

메뉴 고르기에 도움이 돼요

# 커피, 홍차, 일본차 토막 지식

커피와 홍차 전문점에서 듣는 전문용어와 메뉴 이름. 대충은 알고 있지만 자세히는 모르겠고...
이제 와서 물어볼 수도 없는... 그런 의문을 해결하고 카페 순례를 도와주는 페이지!

\coffee/

## 커피

## 커피 명칭 정리

### ◑ 레귤러 커피
커피의 생두를 볶은 콩, 또는 그 콩을 갈아서 가루로 만든 것. 추출 기구로 여과해서 마신다. 대비되는 것이 인스턴트 커피.

### ◑ 스트레이트 커피
단일 산지(상표)의 원두를 사용. 복수의 원두 종류를 균형 있게 잘 섞은 블렌드 커피와 대조.

### ◑ 싱글오리진
스트레이트 커피를 더욱 세분화한 것. 특정 지역의 단일 농장 재배로 원두의 품종과 수확 시기 등을 특정할 수 있다.

### ◑ 스페셜티 커피
커피의 등급 순위에 따른 명칭으로, 최고 품질의 커피. 농장에서 컵까지 유통의 세세한 이력이 명확하고, 철저한 품질관리가 이루어져 심사에서 풍미에 고평가를 받은 커피.

## 커피의 맛을 결정하는 4가지 요소

### 1 원두
원두는 열대·아열대 지역이 산지인 커피나무라는 식물의 열매 속에 있는 씨앗. 커피에 사용되는 주요 품종은 아라비카종(레귤러 커피에 사용)과 로부스타종(주로 인스턴트 커피와 캔커피에 사용)이 있다.

### 2 볶는 법
로스팅은 커피의 생두를 볶는 공정. 볶는 정도에 따라 풍미와 향기가 변화. 원두의 특성을 보면서 볶는 방법을 미묘하게 조정하는 것이 커피 볶는 사람(焙煎士)의 솜씨가 발휘되는 포인트.

신맛 → 쓴맛

| 생두 | 수확 후 정제·탈곡 등의 처리를 거친 생두는 연한 녹색을 하고 있으며 거의 맛이 나지 않는다. |
| 약볶음 | 색은 노란 빛이 도는 갈색. 생두의 풋내가 남아 있고 신맛이 강하며 진한 맛이 없다 |
| 중볶음 | 미디엄 로스팅과 하이 로스팅이 있는데, 전자는 순한 신맛으로 아메리칸 커피에 사용되는 경우가 많다. 후자가 되면 쓴맛과 진한 맛이 난다. |
| 중강볶음 | 첫 단계인 시티 로스팅은 신맛과 쓴맛의 균형이 잡힌 표준적인 정도. 더욱 진전된 풀시티 로스팅은 신맛보다 쓴맛과 향기가 강해진다. |
| 강볶음 | 원두의 표면에 기름이 떠오른다. 신맛이 없고, 쓴맛이 도드라지는 프렌치 로스팅은 카페오레용. 최상급의 강배전인 이탈리안 로스팅은 강한 쓴맛과 깊은 맛으로 에스프레소용. |

### 3 가는 법
극세 갈기부터 굵게 갈기까지 있다. 사용하는 추출 기구에 적합한 그라인딩 방법을 고르는 것이 좋다.

### 4 타는 법

### 핸드드립

**페이퍼드립**
종이 필터가 커피의 유분을 흡수하여 깔끔하고 클리어한 맛으로.

**플란넬드립(융드립)**
플란넬이라는 헝겊 필터를 사용. 뜨거운 물이 융을 천천히 통과함으로써 부드럽고 진한 맛으로.

### 그 외의 타는 법

**사이폰**
알코올램프로 플라스크 안의 물이 끓으면 수증기 압력으로 상부로 이동하여 커피가루와 섞이고, 가열을 멈추면 추출액이 플라스크로 내려와 향기 좋은 커피가 완성된다.

**에스프레소 머신**
카페의 카운터에서 자주 보는 기계. 커피가루를 머신에 세팅하고 높은 압력을 주어 단시간에 추출한다. 잡맛이 없이 농후한 맛이며 크레마라고 불리는 맛있는 거품이 생기는 것이 특징.

**프렌치 프레스**
커피가루를 뜨거운 물에 잠기게 하여 추출한다. 금속 필터를 통해 커피 오일도 추출되어 원두의 풍미를 다이렉트로 맛볼 수 있다. 스페셜티 커피에 추천.

**콜드브루**
찬물로 추출하는 커피. 시간을 들여 추출하기 때문에 쓴맛과 아린 맛이 적고 부드러운 맛으로 깊은맛이 있다. 더치 커피라고도 한다.

# 어레인지 메뉴를 즐긴다

드립 커피와 에스프레소 커피를 베이스로 한 주요 메뉴 소개

## 드립 커피로 만드는 것

○ 데운 우유
● 드립 커피

아메리칸 커피
　약하게 탄 원두로 만든 산맛이 나는 커피

비엔나 커피
　휘핑크림

카페오레

※아메리칸과 비엔나 커피는 일본에서만 쓰는 이름

## 에스프레소로 만드는 것

○ 스팀 밀크 (속가운 데운 우유)
● 에스프레소
○ 폼 밀크 (거품을 낸 우유)
● 초콜릿시럽

카페오레
카푸치노
카페 마키아토
　카라멜 소스를 토핑하면 카라멜 마키아토

카페모카
　초콜릿의 단맛과 우유의 진한 맛
　휘핑크림

아메리카노
　따뜻한 물

플랫 화이트
　밀크, 폼밀크 모두 감촉이 부드럽고 양이 적어 진한 카페라떼 같은 느낌. 호주와 뉴질랜드에서 인기.

---

# tea 홍차

## 홍차의 분류

**싱글오리진티**
단일 농원에서 재배된 찻잎만을 패키지한 것.

**블렌드티**
서로 다른 산지의 찻잎 혹은 같은 산지의 다른 농원의 찻잎을 혼합한 것.

**플레이버티**
꽃이나 과일의 향을 더하거나 허브 또는 향신료를 혼합한 것. 건조된 과일을 섞은 것은 프루츠티라고도 한다. 찻잎에 베르가모트(감귤류)의 향기를 더한 것이 얼그레이.

## 홍차의 산지

홍차는 산지에 따라 재배와 제조 방법이 달라 각각의 개성을 즐길 수 있다. 산지 이름이 그대로 상표명으로 되어 있는데 세계 3대 홍차는 인도의 '다즐링', 스리랑카의 '우바', 중국의 '기문'.

### 찻잎의 종류와 특징

| 국가명 | 찻잎 | 풍미 | 적합한 마시는 법 |
|---|---|---|---|
| 인도 | 다즐링(북동부) | 과일 맛이 나는 상쾌한 향, 풍부하고 깊은맛 | 스트레이트티 |
| | 아쌈(북동부) | 그윽한 향, 농후하고 깊은맛 | 밀크티 |
| | 닐기리(남부) | 신선하고 깔끔한 향, 부드러운 맛 | 밀크티, 레몬티, 아이스티 |
| 스리랑카 | 우바(남동부) | 강한 향과 맛, 자극적인 떫은맛이 있음 | 스트레이트티, 밀크티 |
| | 딤불라(중부) | 우아한 향, 균형 잡힌 맛 | 폭넓은 베리에이션 |
| | 누와라엘리야(고지) | 섬세한 향, 녹차와 비슷한 떫은맛과 은은한 단맛 | 스트레이트티 |
| 중국 | 기문(안후이성 남부) | 어련하고 깊은 향, 부드러운 맛 | 스트레이트티 |

---

# Japanese tea 일본차

일본에서 만들어지는 차의 대부분은 녹차이다. 제법의 차이에 따라 여러 종류의 차가 있다.

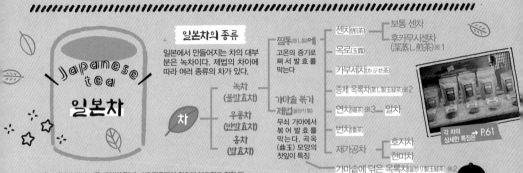

차

**찜통**(蒸し製)에
고온의 증기로 쪄서 발효를 막는다.

- 녹차 (불발효차)
  - 센차(煎茶)
    - 보통 센차
    - 후카무시센차 (深蒸し煎茶)※1
  - 옥로(玉露)
  - 가부세차(かぶせ茶)
  - 증제 옥록차(蒸し製玉緑茶)※2
  - 연차(碾茶)※3 → 말차
  - 번차(番茶)
  - 호지차
  - 현미차
- 우롱차 (반발효차)
- 홍차 (발효차)

**가마솥 볶기 제법**(釜炒り製)
무쇠 가마에서 볶어 발효를 막는다. 곡옥(曲玉) 모양의 찻잎이 특징

- 재가공차
  - 가마솥에 덖은 옥록차(釜炒り製玉緑茶)※2

각 차의 상세한 특징은 **P.61**

※1 : 찌는 시간이 길어 보통 센차(煎茶)에 비해 떫은맛이 적으며 부드럽고 진한 맛.
※2 : 찻잎을 주물러 가늘고 긴 모양으로 정돈하는 등의 공정이 없어 둥근 모양이다.
※3 : 20일 이상 차나무 밭을 덮어 햇빛을 차단하여 재배하고, 찐 후에 곧바로 건조한 차이다. 돌절구로 갈아서 분말로 만든 것이 말차.

# 도쿄 카페 순례  최적 플랜

작은 모험을 떠나자!

도쿄에서 카페를 순례한다면, 테마를 정해 즐기는 것을 추천!
인스타각 카페 순례로 힐링과 자기 연마, 도쿄 관광을 즐기는 코스까지♡
멋진 공간과 맛있는 디저트에 흠뻑 빠질 수 있는 3가지 플랜 소개!

## Plan 01 하루 온종일 인스타 감성 카페 순례

SNS에 올리기 좋은 유명 메뉴들, 팬케이크부터 화제의 파르페와 복고풍 찻집까지! 사랑스럽고 맛있는 맛 집을 찾아서!

**9:00** 「crisscross」에서 팬케이크 조식
P.38、96

부드러운 팬케이크로 아침부터 행복하게!

도보 1분

**11:00** 「Summerbird ORGANIC」에서
오가닉 초콜릿 사기  P.96

인기 폭발 크림 키스

도보 13분

**11:30** 「The Little BAKERY Tokyo」에서
도넛 먹기  P.73

도보 1분

**12:00** 「INITIAL Omote
sando」에서
파르페 먹기
P.26

도보 2분

계절 과일을 사용한 파르페

**13:00** 「이요시 콜라 시부야점」에서
수제 콜라 마시기  P.69

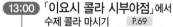

도보 10분

**13:30** 「Paradise Lounge」에서 도쿄 전경 바라보기
P.42

52층에서 도쿄를 한눈에 볼 수 있어요!

도보 30분

**15:00** 「gion」에서 늦은 점심을
P.34

도보 20분

**16:30** 「MACAPRESSO」에서
뚱카롱 사기
P.22

도보 15분

**17:00** 「HANABAR」에서
꽃 칵테일 마시기
P.41

Plan **02**

## 테마는 힐링 & 디톡스

츠키지 혼간지(築地 本願寺)에서 헬시한 조식을 먹은
후에는 부담감 없는 빈티지 디저트♡
숲으로 힐링을 하고, 동물 카페로!

**9:00** 「츠키지 혼간지 카페Tsumugi」 P.38
에서 조식 & 츠키지 혼간지 참배

18가지로 구성된
건강 가득
아침밥

도보
20분

**11:00** 「시세이도 팔러 긴자 본점숍」에서
동백꽃 쇼콜라 사기 P.93

도보
10분

**11:30** 「The Peninsula Boutique & Café」에서
주스 사기

P.90

JR
15분

**12:30** 「Tetes Manis」에서
자무 생즙 마시기 P.21

냉한 체질과
변비 등에
추천

지하철
20분

**13:30** 「AIN SOPH. Journey신주쿠 산초메점」
에서 빈티지 팬케이크 먹기

도보
8분

P.74

---

**15:00**

「STARBUCKS COFFEE
신주쿠교엔점」에서 커피 마시기 P.81

JR
20분

**16:30** 「CAFÉ 모리노테라스」
에서 디저트 먹기

P.78

도보
1분

**18:00** 「mipig cafe 하라주쿠점」에서
미니 피그와 놀기 P.114

미니 피그와
놀 수 있는
동물 카페

우리가
기다리고 있어

---

여기도 체크

긍정적으로
될 수 있어요

### 수달 카페®
HARRY 하라주쿠 테라스점

수달, 고슴도치, 친칠라와 놀
수 있는 동물 카페.

P.114

### 커피 전문점
예언 CAFE 타카다노바바

방황하거나 고민하는
사람의 등을 살짝 밀
어주는 '신의 예언'을
들을 수 있다. P.51

간식
주세요~

15

**Plan 03**

## 카페 순례와 함께 도쿄 관광

멋진 카페들이 있는 구라마에와 아사쿠사 산책
도쿄타워 밑에서 차를 마신 후,
긴자의 야간 카페에서 건배!

---

**11:00** 「DANDELION CHOCOLATE」
에서 초콜릿 사기　P.111

도보 5분

**11:30** 「NAKAMURA TEA LIFESTORE」
에서 일본차 사기

P.61、111

도보 12분

**12:00** 「CAFE MEURSAULT」에서 점심

P.44

도보 4분

**13:30** 「아사쿠사 미하라시 카페」에서
크림소다 마시기　P.44

아사쿠사 분위
즐기며
잠시 휴식

도보 5분

---

**14:30**  「커피 천국」
에서 커피 마시기
& 선물 사기
P.36,92

지하철
40분

**16:00** 「카페 & 바 타워뷰 테라스」
에서 도쿄타워 뷰 감상　P.43

호텔
테라스에서
흐카스24를 전망을

지하철
11분

**17:30** 「무라카라마치카라관」에서
일본 각지의 특산품 선물 사기　P.100

도보 2분

**18:30** 「MUJI Diner 긴자」에서 저녁 식사　P.51

도보 9분

**19:30** 「츠키노하나레」에서 야간 카페 즐기기　P.41

라이브가 있는
숨겨진 카페바

마음에 쏙 드는
카페를 찾아보자!

# 도쿄에서 카페 순례를
# 마음껏 즐기자!
# 숨겨둔 작은 모험

컬러풀한 인스타 감성, 디저트에 운치 가득한 레트로 찻집,
맛있는 식사와 커피, 힐링과 엔터테인먼트까지
도쿄에는 다양한 멋진 카페가 가득하다!
뱃속도 마음도 충족되는 작은 모험에 나서자.

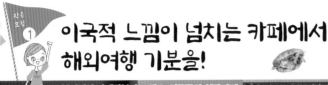

# 이국적 느낌이 넘치는 카페에서 해외여행 기분을!

**도쿄에서 세계여행을 즐긴다**  TOTAL **2**시간

추천 시간 9:00~17:00  예산 2000엔

💡 플랜을 세워 카페 순례
하와이 아사이볼로 아침, 스웨덴 요리로 런치 후 인도식 애프터눈 티를 즐기는 등 사전에 루트를 조사하여 마음에 드는 플랜을 짜자

본격적인 다여관부터 프랑스 시골풍의 식당까지
훌쩍 들러 여행 기분을 맛볼 수 있는 장소가 도쿄에는 이렇게나 많습니다.
전 세계의 맛 집과 디저트가 모인 도쿄이기에 가능한 망상 트립에 GO!

베트남에 온 것 같아!

## 편집부가 엄선한 카페이기 때문에 꽝이 없다!

세계 각국의 현지를 잘 아는 편집자가 추천한 카페 소개
편집자의 최애 포인트와 함께 이국정서를 느껴 보자

Norway  Sweden
France  Austria
Italy  Hong Korea
  Kong
  Hawaii  USA
Yemen  Thailand  Taiwan
  India  Viet Nam
  Singapore  Indonesia

# Taiwan

작은모험 1

이국적 느낌이 넘치는 카페에서 해외여행 기분을

**편집자 추천!**
오너가 직접 만든, 타이완의 문화가 느껴지는 인테리어가 매우 멋짐 시간제한 없이 여유롭게 차를 즐길 수 있습니다.
(타이완편 담당 S 씨)

치라이산(奇萊山) 냉향(冷香) 1430엔 추천

타이완풍의 가벼운 식사와 디저트 모둠의 애프터눈 티 세트 (1540엔)

타이완티를 수제 디저트의 조합으로

## 台湾茶藝館 桜樺苑
타이완 다예관 인파엔

일본에서 태어난 타이완인 점주 허 완후아(何宛樺) 씨가 '타이완티를 부담 없이 즐겼으면하는 바람에서 개업한 다예관. '향기를 듣는 차'라고 하는 타이완 우롱차의 향기에 힐링하며 타이완 문화를 느껴 보자.

**Map** P.116-B2 산겐자야(三軒茶屋)

🏠 세타가야구 신겐자야 1-5-9
☎ 03-6804-0106 🕐 12:00~18:00 🗓 일~화
🚃 도큐 덴엔토시선 산겐자야역 남쪽 출구에서 도보 7분

### 타이완티 즐기는 법

① 뜨거운 물을 넣어 데운 차 단지에 찻잎을 넣는다

② 끓는 물을 붓고 1분 정도 뜸을 들인다

③ 다해(茶海)에 차 단지의 찻물을 모두 붓는다

문향배(聞香杯)에 찻물을 붓는다. 문향배를 사용하는 것이 전통 스타일

④ 문향배에서 품명배(品名杯)로 찻물을 옮기고, 문향배의 향기를 즐긴다

⑤

---

**편집자 추천!**
광둥어가 들리고, 메뉴의 와양도 테이블도 홍콩 그 자체 맥주와 어울리는 해물 요리도 추천.
(홍콩편 담당 S 씨)

# Hong Kong

커스터드가 사르르 녹는 에그타르트(260엔)

홍콩식 밀크티 (450엔), 부드럽고 농후한 밀크티

불타가도 요리도 홍콩의 대중식당!

## 香港贊記茶餐廳 飯田橋店
홍콩 찬기 차찬텡 이다바시점

홍콩 차찬텡(茶餐廳)의 구조와 특징을 충실히 재현한 내부, 벽 메뉴판에도 주목.

멜론빵과 비슷한 뽀로야우(380엔)도 인기 메뉴

홍콩 전통의 올마이티 식당인 '차찬텡(茶餐廳)'을 충실히 재현한 이 가게에는 홍콩의 특색 있는 메뉴가 100종류 이상!

앞쪽은 쌀국수에 간장풍 미를 입혀 볶은 건초우하 (乾炒牛河 /1250엔)

**Map** P.123-A2 이다바시(飯田橋)

🏠 치요다구 이다바시 3-4-1 ☎ 03-6261-3365
🕐 11:30~22:30 (L.O. 22:00) 🗓 연중무휴
🚃 지하철 이다바시역 A5 출구에서 도보 1분, JR 이다바시역 동쪽 출구에서 도보 3분
🗺️ 무사시노시 기치조지혼초 1-8-14

# Thailand

타이 인 셰프가 만드는 본격 타이 요리

## アムリタ食堂
암리타 식당

약 20년간 기치조지에서 사랑받고 있는 유명 가게. 타이인 셰프가 만드는 요리는 맵기와 허브의 양을 조절할 수 있는 등 일본인의 기호에 맞게 즐길 수 있다. 리조트 느낌 만점의 인테리어는 편안함을 주어 오래 머물고 싶어진다.

**Map P.122-A1** 기치조지(吉祥寺)

🏠무사시노시 기치조지혼초 2-17-12 후지아야빌딩 1층 ☎0422-23-1112
🕐11:30~15:30(L.O, 14:50),
17:00~ 22:30(L.O, 22:00),
토·일·공휴일 11:30~22:30
🈺연중무휴
🚉JR 기치조지역 북쪽 출구에서 도보 5분

제 고향인 항구 마을 방센의 맛이에요

1. 남플라와 씨유담 베이스의 소스에 마늘향이 있는, 포장마차의 국물 없는 해물 쌀국수(1150엔)
2. 계절 한정 메뉴 유기 바나나 치즈케이크(700엔)
3. 타이의 찐 찹쌀밥, 카오니아오(430엔)
4. 상쾌한 샐러임민트소다 (700엔)

# Viet Nam

시크함과 베트남 잡화가 점포를 장식한

## HANOI&HANOI
하노이 앤 하노이

신혼여행으로 갔었던 베트남에 완전히 빠진 점주 나카네(中根) 씨가 오픈한 단독주택 형태의 베트남 요리점. 스지조림 반미(880엔) 등 베트남 스트리트푸드를 세련화한 메뉴는 베트남을 잘 아는 사람도 인정하는 맛.

**Map P.119-A4** 기타센주(北千住)

🏠아다치구 센주 1-28-13
☎03-6803-0788
🕐11:00~15:00, 17:00~20:00
🈺화·수 🚉JR 기타센주역 서쪽 출구에서 도보 6분

(가운데 사진 중간)완자와 고기가 들어간 베트남식 찍먼 분짜조 (1500엔), 아사기리(朝霧)고원에서 방목하여 기른 돼지를 사용해 비계가 달콤하고 더부룩하지 않다.

1. 신발을 벗고 올라가는 1층은 좌식 스타일
2. 베트남 잡화가 진열된 1층. 벽에는 프로파간다 포스터

# Singapore

카이난 치킨라이스
(770엔~)
간장, 칠리, 생강 소스
를 찍어먹는다.

당고가루
아꼈으면 활용한
호화로운 메뉴~!
입니다

싱가포르의
타이거 맥주
(660엔)와
함께 드세요

**편집자 추천!**
치킨이 탱탱한 식감.
그 비결은 일본산 닭고기
를 저온에서 40~50분간
천천히 식힘.
집에서는 낼 수 없는
맛입니다.
(싱가포르편 담당 F 씨)

향신료가 들
어간 코코넛
밀크 베이스
의 면요리 락
사(1150엔)
는 주말 한정
메뉴

삼바르 소울푸드에 담기는 입맛?

## 海南チキンライス Mu-Hung
카이난 치킨라이스 Mu-Hung

점주 코지마(小島) 씨가 치킨라이스를 만나 개
업한 것은 약 20년 전. 일본에서 아는 사람만
아는 알던 치킨라이스를 연구를 거듭해 도달
한 부드러운 닭고기는 일품! 바꿋떼와 락사 등
요일 한정 메뉴까지

**Map** P.122-A2 니시오기쿠보(西荻窪)

🏠스기나미구 니시오기키타 3-21-2
☎03-3394-9191 ⏰11:00~20:00 🈺화, 비정기 휴무
🚉JR 니시오기쿠보역 북쪽 출구에서 도보 1분

---

전통 허브 음료로 몸을 정돈하는

## Tetes Manis
테테스 마니스

허브향이 맴도는 스탠드에
서 제공되는 것은 생향신료
와 허브를 갈아 만드는 인도
네시아의 약초 음료 자무.
생즙 자무는 걸쭉하고 짙어
몸의 안쪽부터 활력을 솟게
해 준다.

**Map** P.119-C3 칸다(神田)

🏠치요다구 우치칸다 1-11-10 코
하라빌딩 1층 ☎090-8210-7025
⏰11:30~18:30
🈺토・일
🚉JR 칸다역 서쪽 출구에서 도보 6분

부담 없이
몸 상태를 상담해
보세요

생강과 12종류
의 허브로 만든
자무(650엔)
냉한 체질과 건
조 피부, 식욕
부진에 권장

테이크아웃용
포장된
자무도 판매
(650엔~)

## Indonesia

---

파니르 파코라
인도 코티지 치즈
프리터
(튀김의 한 종류)

파파담
인도의 콩 센베이

칵테일 사모사
매콤한
카레 파이

마살라 넛츠

베산 라두
병아리콩 빈죽 과자

대추야자 & 넛츠 바르피
설탕을 사용하지 않은
헬시한 과자

구자야
코코넛 앙금이
들어간 파이

좋아하는 과자를
선택할 수 있어요

라스굴라
시럽에 적신
스펀지 치즈볼

분디 라두
병아리콩 가루로 튀여
만든 환자

분디 라두
병아리콩 가루로 튀여
만든 환자

다이네마이트 소스

타마린드 소스

애프터눈 티세트
(2인 3740엔)

민트 소스

신비로운 인도의 단맛에 빠져드는

## インド料理ムンバイ 四谷店
+ The India Tea House
인도요리 뭄바이 요츠야점+The India Tea House

세계에서 가장 달콤한 과자라고 하는 굴라브 자
문을 비롯해 한국은 물론 일본에서도 흔하지 않
은 인도 디저트 티세트가 일본 SNS에서 화제. 무
한리필의 마살라 차이와 함께 미지의 달콤함에
도전해 보자.

**Map** P.118-C2 요츠야(四谷)

🏠신주쿠구 요츠야 1-8-6 호
리나카빌딩 1층
☎03-3350-0777
⏰11:00~22:00(애프터눈 티
14:00~17:00)
🈺연중무휴
🚉JR 요츠야역 요츠야 출구에
서 도보 2분

마살라 차이

## India

이국적 느낌 넘치는 카페에서 해외여행 기분을

작모험
1

# Korea

건조 딸기가 악센트인 딸기 바나나

수제 우유잼이 들어가 너무 달지 않고 밀키한 맛

딸기잼이 들어간 바삭한 식감의 돼지바

## 편집자 추천!
어떻든 모양이 귀여워 기분이 업 됩니다! 종류가 다양해서 이것저것 비교하며 먹는 것도 즐거워요

(편집부 O 씨)

### 한국풍 마카롱이 인기인 카페
# MACAPRESSO
마카프레소

볼륨이 있고 장식적인, 한국에서 태어난 마카롱 뚱카롱(각 380엔)이 맛있고 귀여워서 유명하다. 8가지 유명한 맛 외 계절 한정판도 등장.

테이크아웃용 각종 머랭 쿠키(600엔~)

**Map P.118-C1** 신오쿠보(新大久保)

⌂ 신주쿠구 햐쿠닌초 2-3-21 THE CITY 신오쿠보 2층~4층
☎ 03-6380-3875
🕙 9:30~23:00(카페 L.O. 22:30)
연중무휴
🚉 JR 신오쿠보역에서 도보 1분

---

### 한국에서 태어난 인기 티 스탠드
# 츠a Aoyama
차 아오야마

에스프레소 머신으로 추출한 티프레소 밀크티에 달고나를 토핑. '달고나'라는 설탕 사탕 같은 한국의 전통 과자로, 이곳의 달고나는 홍차에 맞게 개발된 오리지널

부드려운 단맛의 달고나가 실룡!

달고나가 듬뿍 올라간 병 밀크티(648엔)와 병 밀크티(972엔).

**Map P.117-B2** 시부야(渋谷)

⌂ 시부야구 시부야 2-1-11
☎ 03-3407-1083
🕙 10:00~18:30 연중무휴
🚉 JR 시부야역 B5 출구에서 도보 11분

사르륵~

굽기 전의 따끈한 달고나를 얹은 스콘 (270엔~)

milk tea

츠a

## 편집자 추천!
마시는 동안 달고나가 녹아 얼음이 녹아도 맛이 엷어지지 않는 것이 최고! 홍차는 아쌈, 그린티 등에서 선택할 수 있습니다.

(한국편 담당 H 씨)

---

# Yemen

### 향기 강한 예멘 커피를 맛보는
# Mocha Coffee
모카커피

세계에서 가장 오래된 원두가 출하되었다고 하는 예멘의 모카항. 그런 예멘산 싱글오리진 원두를 이용한 커피를 대추야자 등으로 만든 중동 스타일 오차즈케와 함께 제공.

**Map P.117-C1** 다이칸야마(代官山)

⌂ 시부야구 사루라쿠초 25-1 1층
☎ 03-6427-8285 🕙 13:00~18:00
월, 비정기 휴무
🚉 도큐 도요코선 다이칸야마역 북쪽 출구에서 도보 4분

1. 카다멈, 사프란 등의 향신료를 넣어 끓여 먹는 전통 아랍 커피 (2인 2200엔)
2. 카카오 같은 뒷맛을 즐길 수 있는 하라즈(1000엔)

---

### 뉴욕 스타일 베이글을 테이크아웃
# NEW NEW YORK CLUB BAGEL & SANDWICH SHOP
뉴 뉴욕 클럽 베이글 & 샌드위치 샵

미국 분위기가 물씬 풍기는 테이크아웃 베이글 가게. 겉은 바삭 속은 쫄깃한 뉴욕 스타일의 베이글(226엔~), 상시 10종류 정도 준비되어 있다.

**Map P.120-B2** 아자부(麻布)

⌂ 미나토구 아자부주반 3-8-5
☎ 03-6873-1537
🕙 월~토 9:00~18:00, 일 9:00~17:00
비정기 휴무
🚉 지하철 아자부주반역 1번 출구에서 도보 7분 ※현금 불가

인기 No.1의 베이컨 에그 치즈(928엔), 베이글은 Everything을 초이스

# U.S.A

야외 벤치에서 먹을 수 있습니다

토·일 및 공휴일 한정 제공. 로인 보우 베이글로 크림치즈와 프라이스를 샌드위치(648엔)

간장 포케볼
(1720엔)
평일 11:00
~15:00는
런치 세트도 있다.

혼자서도
여유로운 시간을
보낼 수
있습니다

**편집자 추천!**
100% 코나커피를
720엔으로 마실 수
있는 것이
감동입니다.
과일향과 적당한
산미를 즐겨 보세요!
(하와이편 담당 H 씨)

하와이의 맛을 충실히 재현한

## アイランドヴィンテージコーヒー
## 表参道店
아일랜드 빈티지 커피 오모테산도점

하와이 와이키키의 본점과 같은 맛을 제공하기 위해 커피 원두는 하와이 계약 농가에서 수확한 것을 직송으로 받는다. 비밀 레시피로 만드는 아사이볼은 그날 들어온 신선도 높은 것을 제공.
오모테산도의 한가운데에서 하와이 기분을.

**Map** P.117-A2  오모테산도(表参道)

☎시부야구 진구마에 6-1-10 후지토리이빌딩 2층
☎03-6434-1202  ⏰9:00~21:00  🗓연중무휴
🚇지하철 메이지진구마에(하라주쿠)역 4번 출구에서 도보 7분

신선한 과일이 듬뿍 얹어진 아사이볼 (930엔)은 가벼운 조식으로 안성맞춤

# Austria

## Cafe Landtmann Aoyama
카페 란트만 아오야마

빈의 대표적 내려오는 카페에 해외 본점

'빈에서 가장 우아한 카페'라는 본점의 분위기와 메뉴를 재현. 오스트리아의 명물인 비너 슈니첼(송아지 커틀릿)은 카시스잼의 산미가 인상적이면서 또 먹고 싶어지는 맛. 자허토르테(초콜릿케이크)도 빼놓을 수 없다.

**Map** P.117-A2
아오야마(青山)

🏠미나토구 기타아오야마 3-11-7 AO빌딩 4층
☎03-3498-2061
⏰월~토 11:00~23:00,
일·공휴일
11:00~22:00
🗓1월 1·2일
🚇지하철 오모테산도역 B2 출구에서 도보 4분

**편집자 추천!**
보통 자허토르테는
농후한 이미지이지만,
이 점포의 것은 가볍고
산뜻한 맛입니다.
설탕을 재결정화하여
씹히는 맛도 즐거워요.
(오스트리아편 담당 F 씨)

테라스석도
추천합니다

비너 슈니첼, 빵, 매일 바뀌는 수프 또는 샐러드, 음료가 포함된 런치 세트(2680엔)

앞쪽은 자허토르테(760엔), 뒤쪽은 커피+휘핑크림+시가 아인슈페너(880엔)

프랑스의 골동품과 고서, 오래된 가재도구 등으로 장식된 편안한 공간

식당 가득히 부담 없이 오세요

생강이 들어간 수제 레모네이드 (600엔)

프랑스 어머니의 맛을 볼 수 있는 식당

## Pedibus Jambus
### 페디뷰스 잠뷰스

프랑스에서 커리어를 쌓은 요리사 사에키(佐伯)씨가 시작한 프랑스 가정요리 식당. 계절 수프, 키슈 등 점잖 담백하면서도 정성이 들어간 요리는 배도 마음도 채워준다.

**Map** P.120-B1 유텐지(祐天寺)

⚑ 메구로구 유텐지 2-15-8 ☎비공개
SNS에서 확인
🚇도큐 도요코선 유텐지역 1번 출구에서 도보 4분
🔗www.facebook.com/naozo755

**편집자 추천!**
메인 수프
디저트 음료,
무엇을 먹어도 맛있다!
단골이 되어 조림과
샌드위치에도
도전해보세요.
(프랑스편 담당 Y 씨)

단골에게 인기 만점인 '칼리플라워 수프와 그릴 치즈빵 세트 (1100엔)

북프랑스의 프레시치즈
프로마쥬 블랑 타르트(600엔)

# France

메르베이유는 전부 6종류(각 300엔). 잘게 썬 초콜릿이 아닌 크리스탈 머랭칩이나 넛츠를 뿌린 타입도 있다.

**편집자 추천!**
프랑스에서 주문한
샹들리에가
1층 한가운데를 밝혀
우아하게 빛나는 공간.
프랑스인 파티셰가
만들고 있어 본격적
(프랑스편 담당 Y 씨)

커다란 샹들리에가 눈길을 끄는 1층 숍

2·3층은 카페 공간,
3층 야외석은 개방감 듬뿍

프랑스에서 탄생한 새로운 식감, 환제의 디저트

## Aux Merveilleux
## de Fred神楽坂
### 오 메르베이유 드 프레드 가구라자카

프랑스 북부의 한 마을인 릴에 본점이 있다. 간판 상품은 머랭에 휘핑크림을 올리고, 잘게 썬 초콜릿을 뿌린 메르베이유. 부드럽고 가볍게 입에서 녹는 새로운 식감의 디저트이다.

**Map** P.123-A1
가구라자카(神楽坂)

⚑ 신주쿠구 야라이초 107
☎03-5579-8353
🕐숍 9:00~19:00, 카페 11:00~19:00 🗓연중무휴
🚇지하철 가구라자카역 2번 출구에서 도보 2분

세계 각국에 점포가 있습니다!

이국적 느낌이 넘치는 카페에서 해외여행 기분

# Sweden

컬러풀한 도넛 과일 샌드 (290엔)

**편집자 추천!**
연어 필렛 정식 등 IKEA 시부야 한정 메뉴 체크
테이블에 콘센트가 있어서 작업도 할 수 있습니다.
(스웨덴편 담당 F 씨)

1일 30식 한정 생강 소스를 곁들인 연어 필렛 정식(1250엔)

스웨덴 전통 요리를 부담 없이

## IKEA スウェーデンレストラン
IKEA 스웨덴 레스토랑

링곤 베리잼과 함께 먹는 미트볼, 연어 요리 등 전통 요리부터 지구에도 몸에도 좋은 채식 요리까지 다채로운 메뉴가 있다.

**Map** P.117-B1 시부야(渋谷)

- 시부야구 우다가와초 24-1 타카기빌딩 7층
- ☎없음
- ⏰11:00~20:00(L.O, 19:30)
- IKEA 시부야의 영업일에 준함
- JR 시부야역 하치코 출구에서 도보 5분

KAFFE

**편집자 추천!**
오후 6시부터는 바 타임 (Bar time)으로 KARSK(아쿠아비트에 커피를 섞은 것) 등 노르웨이의 아코올 메뉴를 즐길 수 있습니다.
(노르웨이편 담당 F 씨)

내부에는 북유럽 빈티지 가구가 배치되어 있다

# Norway

오늘날에서 탄생한 cafe & Bar 일본 1호점

## FUGLEN TOKYO
푸글렌 도쿄

커피 원두는 3~5종류 있으며, 구매도 가능

북유럽 카페를 견인하는 노르웨이 카페 문화 체험. 커피 원두 본연의 과일 맛을 끌어내는 노르딕 로스팅이라는 제법으로 배전(焙煎)한 과일 맛이 나는 커피는 커피를 좋아하지 않는 사람에게도 추천.

고민가를 활용한 카페

**Map** P.117-A1 도미가야(富ヶ谷)

- 시부야구 도미가야 1-16-11
- ☎03-3481-0884
- ⏰월・화 7:00~22:00, 수~일 7:00~다음날 1:00
- 연중무휴 지하철 요요기공원역 2번 출구에서 도보 4분

---

로마의 먹문화를 즐길 수 있는

## A REGA
아 레가

조각으로 파는 로마식 피자와 젤라또 등 본고장의 맛과 분위기를 즐길 수 있다. 수제빵 사이에 생크림을 넣은 마리토쪼 콘판나는 이탈리아인도 인정하는 인기 상품.

**Map** P.120-B2 시로카네다이(白金台)

- 미나토구 시로카네다이 3-18-5
- ☎03-6450-3499
- ⏰11:00~19:00
- 월, 첫째 주 일요일, 비정기 휴무
- 지하철 시로카네다이역 1번 출구에서 도보 6분

생크림도 담백해서 단숨에 먹어 치우게 된다.
(1개 380엔)

**편집자 추천!**
마리토쪼 콘판나는 폴신하면서도 가벼운 맛. 상쾌한 레몬향이 나는 빵이 일품.
(편집부 O 씨)

**편집자 추천!**
농후하고 놀라울 정도로 부드러운 촉감은 유일무이한 맛. 커다란 푸딩은 작지만 만족감이 높다.
(편집부 K 씨)

플레인 커팅 푸딩(469엔)
계절 한정 플레이버 푸딩 등도 판매

**Map** P.120-B2 아자부(麻布)

- 미나토구 히가시아자부 2-12-3
- ☎03-5544-8828
- ⏰10:00~20:00
- 비정기 휴무
- 지하철 아자부주반역 6번 출구에서 도보 5분

일본의 유일한 밀라노 푸딩 전문점

## Milano Dolce Tre Spade
밀라노 돌체 트레 스파데

북이탈리아의 전통 디저트 밀라노 푸딩을 맛볼 수 있다. 젤라틴을 사용하지 않고, 오븐에서 구워낸 뒤 계란으로만 굳힌 농후하고 호화로운 맛에 단골도 많다.

# Italy

# 마음이 들뜨는 디저트 카페에서 인스타 사진을 찍는다

살짝 사치스러운 과일 파르페와 1년 내내 먹고 싶어지는 빙수까지
먹는 것이 아까워지는, SNS에서 화제인 아름다운 디저트들. 예쁘게 찍고 맛있게 먹기 위한 포인트 소개.

### 인스타각 사진을 찍기 위해서는 **TOTAL 1시간**

- 관광 시간 10:00~15:00무렵
- 예산 2000엔~

**영업시간 및 메뉴 사전 확인**
SNS를 통해 정기휴일과 영업시간, 한정 메뉴 등을 확인할 수 있는 점포가 많으니 사전에 확인하자. 특히 파르페 가게의 메뉴는 유동적이므로 확인 필요. 어디든 인기 점포이기 때문에 예약 가능한 점포는 미리 예약할 것을 권장.

### 촬영 테크닉

자연광이 들어오는 창가 혹은 콘크리트 벽을 배경으로 한 촬영은 오픈 직후를 노리자.

술과의 페어링도 즐길 수 있어요

1. 왼쪽은 샤인머스캣을 꽃다발 모양으로 만든 파르페 부케(2200엔), 오른쪽은 파르페 클래스(2090엔)
2. 피스타치오 & 프랑부아즈 소프트크림(843엔)
3. 꽃을 모티프로 한 과일 샌드위치(429~1206엔)

## 인스타 사진 촬영 규칙 3 가지

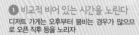

**1 비교적 비어 있는 시간을 노린다**
디저트 가게는 오후부터 붐비는 경우가 많으므로 오픈 직후 등을 노리자

**2 촬영은 자연광이 들어오는 창가에서**
직사광선을 맞으면 그림자가 생기므로 부드러운 빛을 찾아보자

**3 과도한 촬영은 삼가자**
하나하나 정성껏 만들어진 디저트는 나온 후 바로 먹는 것이 최고. 사진은 몇 장 정도만 찍자.

빵까지 꽉 차도 마음이 담은 마음 담은데

# INITIAL Omotesando
이니셜 오모테산도

계절감 넘치는 파르페와 아름다운 단면의 샌드위치가 유명한 홋카이도 탄생 '마루리 파르페' 전문점. 계절마다 바뀌는 파르페는 제철 과일을 듬뿍 사용하고, 사케와 블루치즈 등을 살짝 넣는 등 어른의 맛.

**Map P.117-A2** 오모테산도(表参道)

🏠시부야구 진구마에 6-12-7
☎03-6803-8979
🕐평일 12:00~23:00, 토·일 11:00~23:00
비정기 휴무 ㅣ 온라인 예약 가능
JR 하라주쿠역 동쪽 출구에서 도보 9분
[나카메구로점] 메구로구 카미메구로 1-16-6 내추럴스퀘어빌딩

**촬영 테크닉**

바로 옆에서 촬영하면 파르페의 층이 아름답게 보인다.
컵 중앙 식용 장미에도 사진의 초점을 맞춰보자.

**Princess belle (1800엔!)**
프린세스라인 드레스가 퍼지네이브 한천으로 표현되어 있다.

프랑스 전통 과자를 모티프로 한 퓨어다무르 오 프레이스 2021(3100엔)

**촬영 테크닉**

하얀 미스트가 퍼지는 순간 찰칵
특별 주문한 그릇에도 주목!

금귤과 딸기의 앙상블 그리고 피스타치오 아이스(3200엔).
아래층은 달콤한 향기의 계피차 판나코타

생크림을 듬뿍 넣어 맛있겠다

화제 폭발적인 디저트캔인 쇼트케이크 캔(1100엔)과 말랑캔(800엔)은 계열점 'Risotteria GAKU 시부야' 등에서 판매

## L'atelier à ma façon

예술적인 예술의 파티스테

라틀리에 아 마 파숑

한 잔 한 잔 독자적인 세계관이 응축된 글라스 디저트는 그야말로 예술 작품. 수고를 아끼지 않는 섬세한 플레이팅과 다채로운 소재의 하모니를 즐길 수 있는 아름다운 파르페에 팬이 많다. 빈번하게 등장하는 신작 때문에 계속 다니고 싶어진다.

**Map P.116-C1** 카미노케(上野毛)

🏠 세타가야구 카미노케 1-26-14 ☎비공개
🕐 10:15~15:00
📷 인스타그램 고지
🚫 불가
🚉 도큐 오이마치선 카미노케역 정면 출구에서 도보 1분
※1파르페 1음료, 3명 이상 일행 입장 불가.

## 夜パフェ専門店 パフェテリア ベル

술 마신 후에 먹고 싶어지는 파티스테

야간 파르페 전문점 파르페테리야 벨

'하루의 마무리는 맛있는 파르페로 좋은 꿈을'을 콘셉트로 한 간에도 한입에 쏙 먹을 수 있는 파르페를 제공. 재료들과 제철을 중요시하여 만든 6종류의 파르페는 모두 기간 한정으로, 파르페의 구성에도 타협하지 않는다. 재료들의 단맛, 신맛, 쓴맛이 자아내는 드라마틱한 결합에 황홀함을 느낄 것이다. 테이크아웃 파르페도 있다(→P.10)

**Map P.117-B1** 시부야(渋谷)

🏠 시부야구 도겐자카 1-7-10 진다이소 소셜빌딩 3층 ☎03-6427-8538
🕐 17:00~24:00, 금 17:00~25:00, 토 15:00~25:00, 일·공휴일 15:00~24:00
🚫 연중무휴 🕐 20:00까지 예약 가능
🚉 JR 시부야역 서쪽 출구에서 도보 1분
[Risotteria GAKU 시부야] 파르페테리야 벨과 같음

# PERFECT PARFAIT

**촬영 테크닉**

몇 층이나 쌓인 식재료가 보이는 각도에서, 아름다운 토핑을 살짝 위에서 촬영하는 것도 Good!

**촬영 테크닉**

흰 종이 등을 반사판으로 하여 파르페의 측면에서 반사광을 비추면 아름답게 찍힌다.

10종류 이상의 계절 과일이 담긴 과일 파르페(1550엔)는 1년 내내 언제든 먹을 수 있다.

테이크아웃용 파르페 앙포르테, 왼쪽은 체리, 오른쪽은 멜론(1728엔)

특선 계절 과일 샌드위치 (1980엔). 과일의 산지와 품종은 물론, 먹기 좋은 타이밍까지 고려하여 제공되는 것은 전문점다운 배려

인접한 PÂTISSERIE ASAKO IWAYANAGI에서는 점내에서 파르페와 케이크 등을 즐길 수 있다.

---

고급 과일 전문점다운 퍼펙트한 파르페

## 渋谷西村フルーツパーラー道玄坂店
### 시부야 니시무라 프루츠 팔러 도겐자카점

1910년 창업한 과일 전문점 직영 프루츠 팔러. 몇 개월마다 바뀌는 계절 파르페가 인기. 제철 과일의 맛과 아름다운 비주얼, 막 잘라낸 향기가 삼위일체를 이룬 퍼펙트한 디저트를 맛보자.

**Map** P.117-B1  시부야(渋谷)

♠ 시부야구 우다가와초 22-2 니시무라빌딩 2층
☎ 03-3476-2002
🕐 10:30~23:00 (L.O. 22:30),
일·공휴일 10:00~22:30
(L.O. 21:50)
🚪 연중무휴
🚃 JR 시부야역 하치코 출구에서 도보 1분

---

제철 과일을 사용한 아름다운 파르페

## ASAKO IWAYANAGI PLUS
### 아사코 이와야나기 플러스

신진 파티시에르가 만들어내는 아름다운 파르페가 화제인 'PÂTISSERIE ASAKO IWAYANAGI'의 자매점으로 테이크아웃 상품을 판매한다. 인기인 파르페 앙포르테는 과일의 제철에 맞추어 약 보름마다 신작이 등장.

**Map** P.116-C1  토도로키(等々力)

♠ 세타가야구 토도로키 4-4-5
☎ 03-6809-8355
🕐 11:00~18:00
🚪 월·화 (공휴일인 경우 영업)
🚃 도큐 오이마치선 토도로키역 북쪽 출구에서 도보 3분
📍 [PATISSERIE ASAKO IWAY-ANAGI] 세타가야구 토도로키 4-4-5

**촬영 테크닉**
////////////////
내부 조명이 잔잔한 편이므로 손 떨림 방지를 위해 카메라를 고정하고 촬영하자

당근케이크(500엔)와 우유망으로 추출한 밀크노무(800엔). 왼쪽 위는 '오늘의 디저트' 완두콩 앙금 토스트

칠관음(鉄観音) ver.8 하지(夏至)(2000엔). 칠관음을 활용한 머랭과 치즈케이크 아이스크림 등에 이와 잘 어울리는 무화과를 더한 파르페

**촬영 테크닉**
////////////////
존재감이 뛰어난 단단한 푸딩이 눈에 띄도록 살짝 위에서 촬영

파르페는 매일 바뀌는 1종류만(1500엔). 폭신한 과일, 수제 푸딩, 바나나케이크 등이 듬뿍

항저우 시후(西湖) 생산 용정차에 부드럽고 달콤한 향기의 금목서꽃을 띄운 계화(桂花) 용정차(650엔)

*ORIGINAL SWEETS*

---

수제 푸딩이 덥혀진 매력스러운 파르페

# COFFEE HERE!
커피 히어

야간 영업하는 바의 셋방을 얻어 시작한 커피점. 커피를 싫어해도 마실 수 있는 티라이크 커피와 그것에 어울리는 수제 디저트를 판매한다. 푸딩이 얹혀진 파르페와 곰 모양의 바나나 브레드는 SNS에서 인기!

**Map** P.117-C2 에비스(恵比寿)
🏠 시부야구 에비스니시 1-3-8 요시다빌딩 3층
☎ 080-3874-4184
🕐 11:00~17:00, 일 12:00~18:30
🚫 월 📱 인스타그램 DM으로 예약 가능
🚉 JR 시부야역 신남쪽 출구에서 도보 7분

---

찻잎을 사용한 오리엔탈 디저트

# sweet olive 金木犀茶店
스위트 올리브 금목서 다점

중국 출신 부부가 운영하는 중국차 & 디저트 가게. '중국차를 더 알리고 싶다'는 생각으로 찻잎을 사용한 디저트를 개발. 제철 과일과 찻잎, 약선을 사용한 창작 파르페는 풍부한 향기와 맛의 깊이를 느낄 수 있는 일품.

**Map** P.122-B2 니시오기쿠보(西荻窪)
🏠 스기나미구 니시오기미나미 2-5-6
☎ 03-6319-9055
🕐 수~금 12:00~16:00, 토 11:00~16:00
🚫 일~화 📱 카페 이용 시 예약 필요
🚉 JR 니시오기쿠보역 남쪽 출구에서 도보 8분

**촬영 테크닉**
///////////////
감싸고 있던 필름을 떼면 꽃이 피듯 퍼지는 크림. 동영상 촬영 필수!

저지우유와 계약 농가에서 매입한 갓 넣은 달걀로 만든 옛날식 푸딩 (550엔)

**촬영 테크닉**
///////////////
폭신한 수플레 팬케이크는 빠르게 볼륨이 줄어든다. 촬영은 시간 승부!

2장의 팬케이크와 딸기를 샌드위치한 이시야 팬케이크 스트로베리(1500엔/한정 수량), 생크림과 산딸기 소스가 아름다운 모양을 만들어낸다.

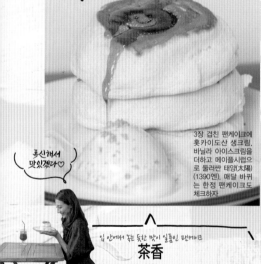

3장 겹친 팬케이크에 홋카이도산 생크림, 바닐라 아이스크림을 더하고 메이플시럽으로 둘러싼 태양(太陽) (1390엔). 매달 바뀌는 한정 팬케이크도 체크하자

하얀 파르페(1600엔), 크림 속 '하얀 연인'의 랑그드샤, 허스캅 퓌레와 멜론 젤라또 등 홋카이도의 맛이 숨어 있다.

폭신해서 맛있겠다♡

---

입 안에서 녹는 듯한 맛이 일품인 팬케이크

## 茶香
차향

줄이 끊이지 않는 팬케이크 전문점. 머랭을 사용하여 저온에서 천천히 구운 수플레 팬케이크는 버터우유의 깊은맛과 신선한 달걀의 풍미가 입 안 가득 퍼진다. 다음 순간 사르르 녹는 식감도 최고.

**Map** P.119–A4 기타센주(北千住)

🏠 아다치구 기타센주미나미 31-7
☎ 03-3870-2626
🕐 9:50~17:45
🈺 월 · 화
🈳 온라인 예약 가능
🚉 지하철 기타센주역 4번 출구에서 도보 10분

Chaka

---

화려한 비주얼의 홋카이도

## ISHIYA NIHONBASHI
이시야 니혼바시

유명 과자 '하얀 연인'으로 잘 알려진 ISHIYA제과의 뿌리 '홋카이도'를 느낄 수 있는 카페. 나무의 따스함이 느껴지는 매장 안에서 홋카이도산 생우를 사용한 하얀 연인 소프트크림(450엔)과 호평이 자자한 이시야 팬케이크를 맛보고 싶다.

**Map** P.119–C3 니혼바시(日本橋)

🏠 추오구 니혼바시무로마치 3-2-1 COREDO 무로마치 테라스 1층 ☎ 03-6265-1143
🕐 11:00~20:00 (L.O. 19:00)
🈺 불가
🈳 COREDO 무로마치 테라스에 준함
🚉 지하철 미츠코시마에역 A8 출구 옆. 또는 JR 신니혼바시역 직결

## サカノウエカフェ

계절을 자랑하는 러블리한 빙수

사카노우에 카페

제철의 재료들로 만든 폭신폭신하고 달콤한 맛의 빙수. 시럽도 모두 수제. 귀여운 모습에 맛까지 더했다.

**Map P.119-C3** 유시마(湯島)

🏠 분쿄구 유시마 2-22-14
☎ 비공개 🕐 11:00~18:00
🈳 월 📍 지하철 유시마역 5번 출구에서 도보 5분
※영업시간·휴무일은 홈페이지 확인 필요
URL sakanoue-cafe.com

빙수 쇼트케이크 (1400엔). 안에는 크림과 딸기 소스가 듬뿍

**촬영 테크닉**
//////////////
높이가 있는 빙수는 바로 옆에서, 오른쪽의 빙수는 정면 위 혹은 비스듬한 위에서 촬영하자

카망베르 판다 (1600엔). 카망베르 치즈와 베리시럽을 믹스. 플레이버는 정기적으로 바뀐다

---

## Parlor Vinefru 銀座

개성적인 빙수와 팬케이크

팔러 비네프루 긴자

무스(Mousse)화한 재료들을 사용한 에스푸마 빙수와 카르보나라 팬케이크 등 점주가 개발한 유니크한 메뉴를 즐길 수 있다.

**Map P.121-C4** 긴자(銀座)

🏠 추오구 긴자 1-20-10 토마토하우스 3층 ☎ 070-5517-9506
🕐 11:00~19:00 🈳 수
📍 지하철 히가시긴자역 A8 출구에서 도보 5분

규히(求肥)와 콩가루를 사용한 일본식 팬케이크(1400엔). 규히, 팥, 검은콩, 흑밀 등 일본의 식재료가 팬케이크와 멋지게 융합.

생피스타치오의 에스푸마를 얹은 딸기와 프랑부아즈 럽 빙수(1600엔)

매일 신상품이 출시돼요

**촬영 테크닉**
//////////////
매장은 오픈된 공간으로 사진을 찍는다면 날이 밝을 때 방문하는 게 좋다.

---

## cafe Lumiere

인터테인먼트 요소 만점 '구운 빙수'

카페 루미에르

건물의 4층에 위치한 빙수가 인기인 카페. 상시 만나볼 수 있는 8종류 정도의 빙수 중 환상적인 연출을 자랑하는 '불타는 빙수'가 가장 인기.

**Map P.122-A1** 기치조지(吉祥寺)

🏠 무사시노시 기치조지미나미초 1-2-2 히가시아마빌딩 4층
☎ 050-5570-2071
🕐 12:00~20:00 (L.O. 19:30)
🈳 비정기 휴무
📍 JR 기치조지역 남쪽(공원) 출구에서 도보 2분

Lumiere 특제 불 타는 빙수 (1375엔). 빙수를 머랭으로 코팅하고 럼주로 플랑베한다.

**촬영 테크닉**
//////////////
눈앞에서 플랑베해 주므로 푸른 불꽃을 동영상으로 남기자.

초코크림과 초콜릿 시럽 그리고 초콜릿으로 가득한 농후한 쇼콜라 파르페(1375엔/2~3월 한정)

숙제 타르타르 소스를 가득 넣은 아보카도타르타르풍 핫도그(1250엔)

도넛 2개, 미니 스왐크 플로랄 마그넷이 들어있는 선물 세트(2800엔)도 추천

멜론을 사치스럽게 사용한 크림소다(680엔)

**촬영 테크닉**

/////////////

디저트가 돋보이는 배경 선택도 중요. 크림소다는 아이스크림이 녹기 전에 찍자.

**촬영 테크닉**

/////////////

도넛 자체가 예쁠 때문에 아름다운 색깔이 나타나도록 자연광으로

말차 멘차못차 세이크(950엔), 우유병 세이크는 약 20종류.

인기 있는 크림치즈 딸기 X 꽃(500엔), 촉촉한 빵은 포만감도 좋다.

멜론과 화이트초코가 듬뿍 들어있는 슈크림(680엔)

공중목욕탕인 테리어숍에서 명물 요리와 함께 촬영!

오리지널 굿즈는 →P.87

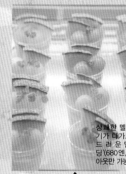
상쾌한 멜론의 향기가 다가오는 '부드러운 멜론 푸딩'(680엔/테이크아웃만 가능)

엔틱가구와 드라이 플라워로 채색된 품위 있고 사랑스러운 매장 내부

천탄사과 공중목욕탕을 모티브로 한 인스타각 카페

## Sd Coffee
에스디 커피

마루야마 키요토(丸山清人)가 그린 후지산 페인트화와 케로린(ケロリン) 세숫대야가 인상적인 내부는 공중목욕탕 감성 제대로. 목욕 후의 상쾌한 기분으로 즐기고 싶어진다.

**Map P.119-A4**　기타센주(北千住)

🏠 아다치구 센주 4-19-11
☎ 03-6806-1013
🕐 11:30~18:00
🈺 화
🚇 지하철 기타센주역 9번 출구에서 도보 5분

꽃과 과일이 어우러진 힐링 구움도넛

## gmgm
구무구무

전립분과 사탕수수 등 몸에 좋은 재료를 사용한 꽃×과일 구움도넛 가게. 5종류의 유명 상품 외에 계절 한정품도 있다.

**Map P.116-B1**　코엔지(高円寺)

🏠 스기나미구 코엔지미나미 3-60-10
☎ 03-6877-0537
🕐 금~일 · 공휴일 14:00~19:00
🈺 월~목 ₩
🚇 JR 코엔지역 남쪽 출구에서 도보 2분
📖 [HANABAR]→P.41

멜론을 배짐없이 즐기는

## 果房 メロンとロマン
과방(카보우) 멜론과 로망

멜론의 산지인 아오모리현 츠가루 시(市)가 운영하는 '멜론 사랑'이 넘치는 점포. 파르페 등 멜론이 다채로운 디저트로 변신.

**Map P.123-A1**　가구라자카(神楽坂)

🏠 신주쿠구 가구라자카 3-6-92
☎ 03-6280-7020
🕐 12:00~17:00
🈺 월 · 화 (공휴일인 경우 영업)
📖 카페는 예약 필요
🚇 지하철 이다바시역 B3 출구에서 도보 5분

'SUNDAY BRUNCH' 계절 메뉴 미리 확인. 2021년 봄~초여름 한정의 수국 크림소다(23년도로 업데이트)

2021년 여름~가을 한정의 비건 써머 타코라이스(23년도로 업데이트)

유명 메뉴인 믹스 베리 푸딩 프렌치토스트(1080엔)

SUNDAY BRUNCH → P.40

**촬영 테크닉**
따끈따끈한 토스트 위 바닐라 아이스크림이 녹기 전에 재빨리 찰칵

**SO DELICIOUS**

## 화제의 독창적인 치즈케이크
## A WORKS
어 웍스

치즈 프로페셔널 자격을 가진 점주가 오픈한 치즈케이크 카페. 재료들의 참신한 조합이 일품.

**Map P.120-C1** 가쿠게이다이가쿠(学芸大学)

🏠 메구로구 추오초 2-23-20
☎ 03-6873-7390
🕐 토·일·월 12:00~18:00 (품절 시 종료)
🚫 화~금 📷 불가
🚃 도큐 도요코선 가쿠게이다이가쿠역 동쪽 출구에서 도보 8분

딸기 몽블랑 타르트(1개 702엔). 딸기와 밤을 사용한 신선한 조합의 몽블랑 크림

**촬영 테크닉**
운치 있는 회색 벽을 배경으로 촬영하면 분위기가 멋들어진다.

왼쪽은 퐁킷 탱탱한 치즈 푸딩(680엔), 오른쪽은 치즈 라떼(660엔), 1인 1음료.

항상 신상품이 출시돼 오직 한 번만 즐길 수 있는 치즈케이크를 만나 볼 수 있다. 사진은 특히 인기가 많은 레인보우 치즈케이크(580엔)

## 미가키베리(딸기)를 맘껏 즐길 수 있는
## ICHIBIKO桜新町店
이치비코 사쿠라신마치점

미야기현에서 탄생한 미가키 딸기를 메인 재료로 사용하는 딸기 디저트 전문점. 계절마다 다양한 상품을 전개.

**Map P.116-B1** 사쿠라신마치(桜新町)

🏠 세타가야구 후카사와 8-10-14
☎ 03-6805-9765
🕐 10:00~18:00
🚫 연중무휴
🚃 도큐 덴엔토시선 사쿠라신마치역 서쪽 출구에서 도보 8분
🏢 이외 도쿄 내 6개 점포

## 옛날 그대로의 슈크림
## コパン
코판

지역 고객이 휴식하는 찻집. 가구라자카라는 이름의 슈크림이 명물. 볼륨 있어 보이지만, 의외로 크림이 가벼워서 1개 더 먹고 싶어진다!?

**Map P.123-A1** 가구라자카(神楽坂)

🏠 신주쿠구 가구라자카 6-60 후지무라빌딩 1층
☎ 03-3267-7779
🕐 7:00~21:00, 토·일·공휴일 8:00~20:00 📷 비정기 휴무
🚃 지하철 가구라자카역 1a 출구에서 도보 1분

단맛이 덜한 커스터드와 생크림의 2층 구조. 먼저 상단부 빵을 스푼처럼 사용해 크림을 떠 입에 쏙!

캐러멜 소스의 달콤함과 감귤의 상큼함이 조화로운 크레이프 캐러멜 오랑쥬(1188엔)

터 소프트 아이스크림도

CHAVATY → P.97

작은
모험
③

# 쇼와(昭和) 레트로 찻집을 돌며
# 일품맛 명물 메뉴를 즐기다

시간이 멈춘 듯한
노스탤직한 옛 공간에서
크림소다와 함께
수다를 떨거나 독서를…
팬층이 두터운 찻집을 모았습니다.

1

오랫동안 사랑받는
명물 메뉴는 바로 이것!

크림소다
맛있겠다~

나폴리탄과 오므라이스 등 추억의 메뉴이지만
시행착오를 거치면서 도달한 본격파.
이 가게가 사랑받는 이유를 알 수 있을 것이다.

일본의 찻집과 카페의 차이는?
이전에는 영업허가가 달라서 찻집은 요리와 술을 제공할 수 없었다. 이러한 이유로 일본의 옛날식 찻집에는 토스트 등 가벼운 식사 위주의 메뉴가 많다.

## 찻집의 명물 메뉴를 맛보자

TOTAL
1~2시간

영업
시간  8:00~
20:00

예산  1000엔

현금 준비를 잊지 말자
찻집의 명물 메뉴는 종일 제공되고 있으므로 언제 가도 OK. 하지만 'AMERICAN(→P.35)'은 줄을 서야 하는 경우가 많으므로 시간을 여유 있게 가지고 방문하는 것이 좋다. 현금만 받는 가게도 많으므로 주의하자.

명물 메뉴

나폴리탄(840엔)
약 20종류의 재료를
5~6시간 조린 후
3일간 재워 만든 소스
에는 정성이 가득

3

가게 유니폼이
귀여워요

주인의 장성이 잔뜩 느껴지는 유명 공간

gion
기온

4

점포의 인테리어와 접객, 도쿄 전역의 음식점을 돌며 메뉴까지 고안해낸 연구기질이 강한 주인이 경영하는 아사가야(阿佐ヶ谷)의 유명한 가게. 모닝은 음료+80엔이라는 놀라운 가격 설정.

Map P.116-B1  아사가야(阿佐ヶ谷)

🏠스기나미구 아사가야키타 1-3-3  ☎03-3338-4381
🕐9:00~다음날 1:30  ㉹연중무휴
🚇JR 아사가야역 동쪽 출구에서 도보 1분

1. 그네 의자는 인기 촬영 스팟
2. 교복풍 제복도 주인이 디자인
3. 크림소다(600엔)의 종류는 블루하와이와 레몬이 있다.
4. 창문을 들여다보다 발견한 작은 새 모형들. 장난스러움이 곳곳에 스며있는 동화 같은 공간

34

쇼와 복고풍 찻집에서 명물 메뉴를 즐기다

## AMERICAN
### 아메리칸

마음껏 드세요

볼륨 만점의 달걀 샌드위치가 큰 인기. '갓 구운 빵의 맛을 알리고 싶다'라며 갓 구운 빵을 1일 2회 주문하고 있다. 가장자리까지 부드러운 식빵은 깜짝 놀랄 만한 맛이다.

**Map** P.121-C4

긴자(銀座)

🏠 추오구 긴자 4-11-7
☎03-3542-0922
🕐8:30~10:30, 11:30~14:00
🈺토·일 🚇지하철 히가시긴자
역 5번 출구에서 도보 3분

**명물 메뉴**
달걀 샌드위치(600엔)
폴짝하고 부드러운
식빵을 1두 사용.
다 못 먹는다면
포장도 가능하다.

달걀 샌드위치 만드는 법

아직 따끈따끈한 빵을 자른다. → 탐스럽게 달걀을 얹는다. → 두꺼운 식빵으로 감싼다.

1. 오너셰프 하라구치 마코토(原口誠) 씨
2. 하라구치 씨의 추억이 담긴 사진들이 벽면 가득 장식된 내부
3. 테이크아웃 전용 창구가 있다.
4. 파스트라미 비프 샌드위치(1000엔)

### 名曲·珈琲 新宿らんぶる
### 명곡·커피 주쿠 란부르

1950년 명곡 찻집으로 탄생. 현재는 음악이 메인은 아니지만 중후한 인테리어와 심플한 찻집 메뉴는 옛날 그대로. 복고풍 공간에서 정겨운 한때를 보내자.

**Map** P.123-C1 신주쿠(新宿)

🏠 신주쿠구 신주쿠 3-31-3 ☎03-3352-3361
🕐9:30~18:00 🈺연말연시
🚇JR 신주쿠역 동남쪽 출구에서 도보 5분

**명물 메뉴**
피자 토스트 세트(1100엔)
두껍게 썬 피자 토스트에
샐러드와 커피가 곁들여진
세트. 심플하지만
맛있다

1. 샹들리에와 소파는 개업 당시의 것
2. 피자 토스트 뒤쪽은 크림소다(800엔)

35

책 거리의 노포 찻집

## 神保町 ラドリオ
진보초 라도리오

명물메뉴
**비엔나 커피(600엔)**
비엔나를 더치른 손님의 제안으로 1953년에 일본에서 처음으로 판매했다고 한다

일본 비엔나 커피의 발상지로 유명한 라도리오는 1949년 창업. 수리를 거듭하며 당시의 정취를 간직해 온 공간이 단골들에게 사랑받고 있다.

**Map P.119-C3** 진보초(神保町)
치요다구 진보초 1-3
☎03-3295-4788
11:45~21:00 (L.O. 20:00), 토·일 12:00~19:00 (L.O. 18:30)
공휴일, 연말연시
지하철 진보초역 A7 출구에서 도보 3분

1. 하프 팀버링 양식의 카페
2. 로고는 단골이었던 조각가 혼고 신(本郷新) 씨의 디자인
3. 나폴리탄은 타바스코와 후추가 들어가 매콤하다.

추천식 명물 핫케이크가 포인트

## 珈琲天国
커피 천국

점주의 친구가 고안한 운치 있는 '天国' 글자가 각인된 팬케이크와 대형 소시지를 넣은 핫도그(380엔~)가 유명한 찻집.

**Map P.119-B4** 아사쿠사(淺草)
다이토구 아사쿠사 1-41-9
☎03-5828-0591
12:00~18:00 화
지하철 긴자선 아사쿠사역 A1 출구에서 도보 8분

1. 컬러풀하고 사랑스러운 오리지널 커피캔(1캔 1800엔)
2. 커피컵 바닥에는 쓰여 있는 '大吉(대길)'

명물메뉴
**팬케이크 세트(1100엔)**
주문을 받은 다음에 굽는 폭신폭신한 팬케이크. 커피 또는 홍차가 곁들여진다

1. 천장의 스테인드글라스와 붉은 소파가 촬영 포인트
2. 푸딩 아 라 모드(1300엔)
3. 쇼케이스에 진열된 샘플들에 마음이 든든하다.

노스탤지한 인테리어

## 珈琲西武
커마 세이부

1964년에 오픈, '쇼와 복고풍'이 컨셉인 차분한 '순수 찻집'. 볼륨감 넘치는 오므라이스와 파르페 등 음식 메뉴도 충실.

**Map P.123-C1** 신주쿠(新宿)
신주쿠구 신주쿠 3-34-9 메트로회관 2-3층
☎03-3354-1441
2층/7:30~23:30, 일·공휴일 7:30~23:00, 3층/월~금 12:00~23:30, 토 11:00~23:30, 일·공휴일 11:00~23:00
연중무휴
JR 신주쿠역 동쪽 출구에서 도보 2분

명물메뉴
**오므라이스(950엔)**
베이컨이 들어간 케첩라이스를 6개의 계란으로 감싸고 데미그라스 소스로 주변에

## 이 2개 점포도 체크

쇼와의 순수 찻집에 영감을 받은, 옛스러운 인테리어에 새로운 감성을 흩뿌린 새로운 타입의 찻집이 속속 등장

낮에는 찻집, 밤에는 술집

# 不純喫茶ドープ 불순 찻집 톱

약 40년 전부터 운영하던 찻집의 복고풍 인테리어에 크리에이티브하고 즐거운 취향을 더한 하이브리드 점포. 힙합이 흐르는 점내에서 즐기는 방식은 자유자재.

**Map** P.116-B2 나카노(中野)

🏠 나카노구 아라이 1-9-3
🕐없음
⏰12:00~23:00
(휴)연중무휴
(교)JR 나카노역 북쪽 출구에서 도보 7분
※현금 불가

*추천 메뉴인 나폴리탄이에요*

1. 인상적인 체리 모양 네온. 크림소다는 총 4종류(각 640엔). 오후 5시부터 술집 메뉴가 시작되며 크림소다 하이볼 등도 있다.
2. 옛날 그대로의 단단한 '쇼와 푸딩'(638엔)
3. 쫄깃하고 두꺼운 면의 나폴리탄

---

*20종류 이상의 크림소다!*

# 喫茶ネグラ 찻집(킷사) 네구라

오너 후루야(古谷) 씨가 모은 옛날 도구와 복고풍 식기로 장식된 쇼와를 느낄 수 있는 공간이 젊은 층에 큰 인기. 풍부한 종류의 크림소다는 계절 한정도 출시.

**Map** P.116-B2 시모키타자와(下北沢)

🏠세타가야구 키타자와 2-26-13 PACKAGE ONE 1층 북쪽
☎03-6361-9874
⏰12:00~21:00 (휴)비정기 휴무
(교)케오선 · 오다큐선 시모키타자와역 서쪽 출구(북측)에서 도보 2분

1. 초코 마시멜로 토스트(680엔)
2. 일본 스낵바의 소파, 영국의 교회의자 등 올드한 가구들이 조화를 이루며 정겨운 공간을 만들어낸다.
3. 라무네 블루 크림소다와 로즈 크림소다(각 680엔)

*어떤 걸 먹을까*

쇼와 복고풍 찻집에서 명물 메뉴를 즐기다

잠모험 3

37

🕐아침 🕐점심 🕐저녁의 디저트 **시간대별**

# 유명 가게 탐방, 이젠 나도 카페의 달인!

맛있는 아침 식사, 점심은 저렴하고 건강하게. 그리고
저녁에는 분위기 좋은 곳에서 힐링하고 싶다... 그런 기대에 부응하기 위해
아침·점심·저녁 시간대별 추천 가게를 명물 메뉴와 함께 소개!

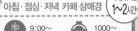

아침·점심·저녁 카페 삼매경

| | TOTAL 1~2시간 |
|---|---|
| 관람 시간 | 9:00~ 21:00 |
| 예산 | 1000~ 2500엔 |

💡 메뉴별 제공 요일, 시간 체크를 잊지 말자
평일과 주말은 메뉴가 다른 경우도 있으므로
먹고 싶은 메뉴의 제공 요일, 제공 시간대를
사전에 확인한 후에 가자.

## Morning

이른 아침
특별한 메뉴로
하루의 활력을!

### 츠키지 유명 점포 반찬 예

츠키지 기분(築地紀文)의 생선두부를 으깬 뒤 튀긴 것

츠키지 에도이치(築地江戸一)의 달콤한 다시마조림

츠키지 쇼로(つき5松露)의 계란말이

츠키지 혼간지
(築地本願寺)
VIEW

16가지의 반찬과 죽, 된장국.
반찬은 츠키지 노포의 명물
도 라인업.
매실장아찌와 조림 등을 죽
에 넣어 맛의 변화도 즐기자

**Must try**
18개 풍의 아침밥
(일본사 제공)
1980엔
※8:00~10:30

좍는 절시스 밑에는
요리 이름이

소량의 다채로운
반찬이 기쁘다!

죽은 두환 리필

## 築地本願寺カフェ Tsumugi
츠키지 혼간지 카페 Tsumugi

츠키지 혼간지의 경내에 위치한 카페. 사찰
과 츠키지에 관련된 아침 식사가 인기.
18개 품목의 아침밥은 본존 아미타여래의
18번째 서원(誓願)에서 유래하여 탄생.
색채가 풍부한 아침 식사와 참배로 상쾌한
하루를!

**Map P.121-A3** 츠키지(築地)

🏠 추오구 츠키지 3-15-1 츠키지 혼간지 인포메
이션센터 ☎03-5565-5581
🕐8:00~21:00 (조식 8:00~10:30)
📅연중무휴
🚇지하철 츠키지역 1번 출구 직결

## Morning

절에 참배  요리먹을달한 불위기의 장대한 사원

### 築地本願寺  츠키지 혼간지

이국적 느낌의 외관이 존재감
을 내뿜는다. 동서양의 건축 요
소가 도처에 보이는 절. 본당에
는 거대한 파이프오르간, 영수
(靈獸)의 석상도 보인다.

☎0120-792-048
🕐본당 참배 시간
6:00~16:00

코끼리, 닭, 소, 원
숭이 등의 영수(靈
獸) 동상

영수(靈獸) 동상은
모두 13개

블쓰 들을 수 있는
올데이 카페

## crisscross
크리스크로스

개방적인 테라스석에서 푹신푹신한 팬케이
크 아침 식사. 팬이 많은 클래식 버터밀크
팬케이크를 기호에 맞게 변경해 맛보는 것
도 즐겁다. 커피(650엔)는 무한 리필.

**Map P.117-A2** 아오야마(青山)

🏠 미나토구 아오야마 5-7-28
☎03-6434-1266 🕐8:00~22:00
📅연중무휴
🚇지하철 오모테산도역 B3 출구에서 도보 2분

버터밀크 팬케이크 소시지 & 프라이드 에그(1750
엔)는 남성 고객에게도 추천

**Must try**
클래식 버터
밀크 팬케이크
1300엔
※종일 제공

상쾌한 산미의 베
이킹소다를 섞어
푹신한 느낌을 낸
질리지 않는 팬케
이크

**Must try**
더치 팬케이크
생햄과 부라타 치즈
1710엔
※8:00〜14:00

더치 오븐으로 구워낸 반죽은 겉은 바삭하고 속은 촉촉. 밀키한 치즈, 생햄의 짠맛과 메이플시럽의 단맛이 절묘한 균형을 이룬다. (굽는 데 30분 소요)

갓 구워낸 캄파뉴

샐러드와 함께 드세요

비스트로에서 맛보는 약간은 사치스런 아침 식사

# PATH
패스

외국 카페 느낌의 멋지고 캐주얼한 매장. 아침·점심·저녁 모두 본격적인 요리를 즐길 수 있다. 그중에서도 명물 메뉴인 새로운 식감의 더치 팬케이크는 아침 식사로 안성맞춤.

**Map P.117-A1**

요요기공원(代々木公園)

🏠시부야구 도미가야 1-44-2 A-FLAT 1층
☎03-6407-0011
🕐8:00〜15:00(L.O. 14:00),
18:00〜24:00(L.O. 23:00)
📅월, 둘째·넷째 주 화요일(디너는 둘째·넷째 주 일요일)
🚇지하철 요요기공원역 1번 출구에서 도보 4분

시간대별 유명 가게 탐방, 이젠 나도 카페의 달인!

수제 햄과 카망베르 치즈 샌드위치

수제 레이즌 효모를 사용한 캄파뉴는 아련한 단맛이 있다. 듬뿍 담긴 햄과 치즈에 잘 어울린다 (1100엔)

자연광이 들어오는 내부, 갓 구워낸 빵의 향기에 둘러싸인다

## Lunch

테이크아웃도 OK!

몸에도 지갑에도 부담이 없어 '다니고 싶어진다'

아시안 테이스트의 헬시 플레이트

¥900

# 虎ノ門ヒルズカフェ
도라노몬 힐즈 카페

아시아와 중화 요소를 도입한 유니크하고 모던한 요리를 즐길 수 있다. 잔디밭이 보이는 테라스석도 있으며 밤에는 BBQ 메뉴도 인기.

**Map P.120-A2** 도라노몬(虎ノ門)

🏠미나토구 도라노몬 1-23-3 도라노몬 힐즈모리타워 2층 ☎03-6206-1407
🕐8:00〜23:00, 토·일·공휴일 〜22:00 📅1/1〜1/3 🚇지하철 도라노몬힐즈역 B1 출구에서 도보 1분, 지하철 도라노몬역 1번 출구에서 도보 5분

글라스 케이스의 요리를 선택

**Must try**
데일리 플레이트
900엔
※11:00〜15:00

아시아적인 요소를 메인으로 야채를 듬뿍 넣은 요리를 매주 바꿔 제공. 십곡미(十穀米), 샐러드, 반찬, 메인 요리를 선택. 월〜금은 100엔 추가 시 음료 제공

밥은 사이즈를 고를 수 있어요

1. 2. 샐러드, 반찬 코너
3. 메인 고기 요리 ※토·일, 공휴일은 스타일과 가격이 바뀐다.

작은 모험 4

**Lunch**

# Lunch

**Must try**
오늘의 파스타 &
프렌치토스트
1596엔
※11:00~15:00

창업 후 30년간 사랑받고 있는 점포
의 대명사 프렌치토스트와 날마다 종
류가 바뀌는 파스타, 수프, 음료의 호
화로운 세트.

디저트도
맛있습니다

자연광이 비치는
개방적인 카페

## SUNDAY BRUNCH
선데이 브런치

여유롭게 눈을 뜬 일요일, 브런치를 먹으
러 방문하고 싶은 편안한 카페. 오븐에서
구워낸 수제 프렌치토스트는 폭신하고 달
콤한 행복의 맛. SNS각 틀림없는 계절 한
정 디저트도 체크(→P.33).

**Map** P.116-B2  시모키타자와(下北沢)

🏠세타가야구 키타자와 2-29-2 페
니키아빌딩 2층
☎03-5453-3366
🕐11:00~19:30 (L.O. 19:00)
🈺연중무휴
🚃케이오선·오다큐선 시모키타자
와역 서쪽 출구(북측)에서 도보 2분

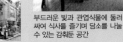

부드러운 빛과 관엽식물에 둘러
싸여 식사를 즐기며 담소를 나눌
수 있는 감춰둔 공간

맹가를
고를 수 있어요

카레와 디저트의
최강 콤비

## OXYMORON
옥시모론

카페로도 이용할 수 있는 유명 카레집.
일본쌀에 맞는 오리지널리티 만점의 카레는
다양한 종류의 향신료와 일본의 재료들이
절묘한 하모니를 이룬다. 정성스럽게 만든
수제 디저트도 빼놓을 수 없다.

**Map** P.116-C1  후타코타마가와(二子玉川)

🏠세타가야구 타마가와 타마가와타카시마야 S·C
남관 4층 ☎03-6805-6505
🕐11:00~20:00 (L.O. 18:30)
🈺연중무휴
🚃도큐 덴엔토시선·오이마
치선 후타코타마가와역 서쪽
출구에서 도보 2분

생강을 서서히 끓여
낸 뒤 고추로 악센
트를 준 진저에일도
마시고 싶다.(770엔
~)

**Must try**
일본풍 키마카레
1320엔
※종일 제공

비법 조미료인 된장과 향신료의 풍미가 잘 융화한 카레의
깊은 맛에 계속 먹고 싶어진다. 온온천 달걀로 맛을 바꾸
고 듬뿍 뿌린 흰깨와 파는 명품 조연.

인기 만점
커스터드 푸딩

약간 단단하지만 매
우 부드럽다.
약간 쓴 캐러멜과 부
드러운 계란의 풍미
를 담은 푸딩이 입안
에서 사르르

마살라 차이와 진저시럽, 식기와 앞치마
등을 판매한다.

식용 꽃을 넣은 얼음이 터지는 럼주. 3종류의 베리로 만든 칵테일 크림소다는 자스민 시럽, 자몽, 레몬이 들어가 상쾌한 맛.

꽃을 활용한 카페비사

# HANABAR
하나바

늦은 시간에도 디저트와 식사를 즐기며 릴렉스할 수 있다.

환상적인 분위기와 식용 꽃을 사용한 메뉴에 마음이 설렌다.
디저트와 칵테일은 물론 음식 메뉴도 있어 식사를 겸해 이용하기 아주 좋다.

**Map** P.118-B1
이케부쿠로(池袋)

🏠토요시마구 니시이케부쿠로 3-30-6
☎03-6874-5459
🕐11:30~24:00 (L.O. 23:30)
📅비정기 휴무
💰18:00 이후 좌석 요금 500엔
🚇지하철 이케부쿠로역 C2 출구에서 도보 2분. JR 이케부쿠로역 서쪽 출구에서 도보 5분

드라이플라워 아티스트가 프로듀스한 점내는 골동품과 꽃으로 둘러싸인 특별한 세계

말차와 로즈(왼쪽), 레몬과 크림치즈(오른쪽/각 500엔). 각각 반죽에 화이트초코, 타임을 섞어 향기와 맛의 하모니를 즐길 수 있다.

동화 같아...

---

화구점이 운영하는 튼튼하게 가꾼 살롱

# 月のはなれ
츠키노하나레

겟코소(月光莊) 화구점이 창고를 개조해 오픈한 가게. 다양한 감성의 사람들이 모이는 살롱 같은 바. 라이브 음악이 흐르고, 그림 그리기 세트가 준비되어 있는 등 자유롭게 즐길 수 있다.

**Map** P.121-C3 긴자(銀座)

🏠추오구 긴자 8-7-18 겟코소빌딩 5층
☎03-6228-5189
🕐14:00~23:30 (L.O. 22:30), 일 · 공휴일 ~21:00 (L.O. 20:00)
📅연중무휴
💰1인 1음료, 17:00 이후는 테이블료 있음 (1명 500엔)
🚇지하철 신바시역 3번 출구에서 도보 3분, JR 신바시역 긴자 출구에서 도보 5분

오리지널 칵테일을 맛보세요

추천 메뉴는 중독성 있는 폴드포크크라이스(사진, 1150엔)와 치킨 컴보

발코니석의 등나무 의자

점내에서는 라이브 연주도

아름다운 연보라의 '요사노 블룸문'
진과 제비꽃 향의 리큐어가 들어있다.

모체인 화구점 '겟코소'의 이름을 붙인 시인 요사노 아키코(与謝野晶子)의 이름을 딴 오리지널 칵테일. 레몬을 넣은 부드러운 초승달케이크에 계절의 잼이 곁들여진다.

41

# 도쿄 최고의 뷰는 어디?
## 여유롭게 즐길 수 있는 절경 뷰 카페를 찾아라!

도쿄의 파노라마와 명소를 내려다볼 수 있는 최고의 위치에 있는 카페 소개.
그중에서도 느긋하게 경치를 즐길 수 있는 숨겨진 장소를 엄선!

*Upper floor*

저 멀리 도쿄만이 보이는

엄청난 전망...

### 뷰맛집 카페 즐기기 | TOTAL 1.5~2

| | | | |
|---|---|---|---|
| 관람 시간 | 10:00~19:00 | 예산 | 1500~3000엔 |

계절, 날씨, 시간대를 확인하자

느긋하게 즐기고 싶다면 혼잡한 점심시간대는 피하자. 야경을 보러 간다면 해가 진 직후의 황혼시간대를 추천. 벚꽃이 아름다운 곳은 개화 시기에 최고의 전망을 즐길 수 있지만 많은 사람이 몰려 붐비므로 조기 예약을.

맑은 날은 도쿄 스카이트리, 후지산도 보인다

*view point!*

낮과 밤의 분위기가 일변한다. 낮에는 반짝이는 태양빛에 기분 업. 밤에는 멜로한 느낌으로 느긋하게. 야경이 아름다운 때는 황혼 무렵. 공기가 맑은 겨울에는 멀리까지 바라볼 수 있다.

## 위에서? 아래에서?
## 카페에서 그림 같은 뷰를 독차지

도쿄를 대표하는 경치를 보며 맛있는 디저트와 푸드를 동시에 즐길 수 있다면 최강! 계절과 시간대에 따라 표정을 바꾸는 것도 뷰맛집 카페의 묘미.

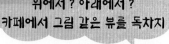

시부야 최고층 고도 230m에서의 파노라마뷰

# *Paradise Lounge*
### 파라다이스 라운지

전망 시설 'SHIBUYA SKY' 46층에 있는 복고풍을 테마로 한 뮤직 바. 한쪽 벽 전체가 통창으로 이루어져 도쿄의 전경을 바라볼 수 있다.

**Map** P.117-B1 시부야(渋谷)

🏠 시부야구 시부야 2-24-12 시부야 스크램블스퀘어 46층
☎ 03-6805-1199
🕐 9:00~23:00 (L.O. 22:30)
🗓 연중무휴
🎫 전망 시설 'SHIBUYA SKY'의 입장 티켓 필요
🚇 JR 시부야역 직결, 지하철 시부야역 B6 출구 직결

1. 메뉴는 핫도그와 음료류. 사진은 'SKY 라무네 소프트크림'(630엔)
2. 인기 있는 패션프루츠 스쿼시(오른쪽, 880엔)와 상쾌한 맛의 핑크 슬러시
3. 남쪽 전망
4. 5. 창가에 테이블과 의자가 설치되어 있다.

view point!

빨간 도쿄타워와 녹색 가로수의 콘트
라스트가 볼 만하다.
벚꽃이 완연한 봄, 도쿄타워 × 벚꽃
의 풍경은 그림 같다.
밤은 불 켜진 도쿄타워를 바라보며
테라스에서 로맨틱한 한때를.

*Terrace*

1. 어패류를 듬뿍 넣은 페스카토
   레(앞쪽, 2200엔)와 일본산
   소 100%로 만든 햄버거(2800
   엔)
2. 3. 녹색으로 둘러싸여 릴랙스
   할 수 있다.

작은
호텔
5

여유롭게 즐길 수 있는 뷰 맛집 카페를 찾아라!

나무들의
푸르름이
기분 좋다

도쿄타워 가 눈앞에 다가오는
# カフェ&バータワービューテラス
카페 & 바 타워 뷰 테라스

도쿄타워의 발밑에 위치한 테라스는 개방감 넘치는 공간. 런치와 술을 즐
기러 방문하고 싶다. 시기별로 벌어지는 전시회와 연동된 메뉴에도 주목.

**Map** P.120−A2  시바코엔(芝公園)

🏠 미나토구 시바코엔 3-3-1 도쿄 프린스호텔 3층
☎ 03−3432−1140
🕐 카페 & 런치 10:00∼17:00, 디너 17:00∼21:30
(L.O. 21:00)
🈺 연중무휴  🅿 권장
🚇 지하철 오나리몬역 A1 출구에서 도보 1분

도쿄역 마루노우치역사(驛舍)가 바로 앞에!
# ROUTE CAFE AND THINGS
루트 카페 앤드 띵스

도쿄역 정면에 위치, 여행을 주제로 한 셀렘이 가
득하다. 여행 관련 굿즈와 서적 등을 판매하며 이
벤트도 개최된다.

**Map** P.121−A3  마루노우치(丸の内)

🏠 치요다구 마루노우치 2-4-1 마루빌딩 4층
☎ 03−6268−0160
🕐 11:00∼21:00 (L.O, 19:30), 일 11:00∼20:00 (L.O, 18:30)
🈺 1/1, 마루빌딩 휴관일
🚇 JR 도쿄역 남쪽 출구에서 도보 3분

*Lower floor*

돔 지붕이
멋져요

view point!

마루노우치 역사의 정면에 위치해 커
다란 창에 붉은 벽돌의 역사적인 유
산을 감상할 수 있다. 이국의 정취가
느껴지는 역사를 바라보며 여행 계획
을 짜기 안성맞춤. 곁에 있는 여행
책을 넘기면서 일상을 벗어나
공상 트립!

1. 여유 있고 넓은 실내
2. 매장에서 판매 중인 'BREW TEA Co.'의 티백
3. 책과 잡지도 자리에서 읽을 수 있다.
4. 창에서 바라보는 도쿄역 역사
5. 대표 메뉴로 중독성 있는 허브 핫도그(700엔)
6. 'Namery'의 화려한 치즈케이크(530엔∼)

## Upper floor

센소지, 나카미세를 한눈에

### view point!

나도 모르게 '이런 경치는 본 적이 없어' 라고 중얼거리게되는 절경. 낮과 밤, 1년 365일 내내 달라지는 경치를 그날의 추억과 함께 간직하셨으면 한다는 점장. 계절마다 멋진 사진을 찍을 수 있다!

'일본'스러운 풍경이 펼쳐지는
# アサクサ ミハラシカフェ
아사쿠사 미하라시 카페

전망을 즐기기 위한 카페. 카미나리몬의 바로 앞에 있어 아사쿠사 관광 중 휴식 차 들르고 싶다. 메뉴는 음료와 케이크.

**Map** P.123-B2　아사쿠사(淺草)
🏠다이토구 카미나리몬 2-18-9 아사쿠사문화관광센터 8층
☎03-5830-7187　🕐10:00~17:30 (L.O. 17:00)
🈲비정기 휴무
🚇지하철 긴자선 아사쿠사역 2번 출구에서 도보 1분

1. 창밖에는 나카미세에서 센소지의 호조몬(宝蔵門), 오중탑 등 아사쿠사를 대표하는 풍경이 펼쳐진다.
2. 인기 만점 크림소다(각 650엔)
3. 베이크드 치즈케이크(550엔)

---

1. 3층의 공간　2. 지하의 케이크숍
3. 강 건너 아사히맥주 본사 빌딩, 금색의 오브제, 도쿄 스카이트리

개방감 가득한 스미다가와 뷰
# CAFE MEURSAULT
카페, 뫼르소

스미다가와의 대표적인 경치를 한눈에 볼 수 있는 최적의 위치. 수제 케이크를 비롯해 파스타와 리조또, 키슈 등 식사 메뉴도 풍부.

**Map** P.123-C2　아사쿠사(淺草)
🏠다이토구 카미나리몬 2-1-5 나가무라빌딩
☎03-3843-8008　🕐11:00~23:00 (L.O. 22:30), 토·일·공휴일 ~22:00 (L.O. 21:30)　🈲비정기 휴무
🚇지하철 긴자선 아사쿠사역 4번 출구에서 도보 1분, 토에이 아사쿠사선 아사쿠사역 A3 출구에서 도보 3분

## Riverside

오고 가는 유람선들

### view point!

강의 수면과 가까워 바닥이 강과 이어져 있는 듯한 감각. 강의 흐름과 바람을 느낄 수 있어 기분이 좋다. 2~3층이 카페인데, 3층의 강 쪽 자리를 추천. 강에 인접한 문은 날씨가 허락하는 한 개방하고 있다고 한다. 야경도 아름답다.

4. 오픈된 분위기
5. 가게의 자랑인 수제 케이크, 사진은 초코와 바나나 케이크(440엔) & 수제 레모네이드(690엔)
6. 남쪽에 코마가타바시(駒形橋)가 보인다.

**view point!**

시부야역 앞 '도큐 플라자 시부야'의 17층 루프트에 위치한 카페 & 바. 밤에 직주추천인 황혼시간대에 방문을 추천. 반짝이는 야경이 또다른 세계로 인도해 준다.

*Rooftop*

루프탑 테라스에서 시부야의 야경을

# CÉ LA VI TOKYO
# BAO by CÉ LA VI

세라비 도쿄 바오 바이 세라비

전 세계에 지점이 있는 CÉ LA VI의 일본 1호점으로 아시안 버거가 특징. 시부야를 바라보는 고층 테라스석에서 캐주얼하게 즐길 수 있다.

**Map P.117-B1** 시부야(渋谷)

🏠 시부야구 도겐자카 1-2-3 도큐 플라자 시부야 17층
☎ 0800-111-3065
🕐 11:00~23:00, 일·공휴일 ~22:00
🈺 도큐 플라자 시부야 휴일에 준함 🈲 권장
🚇 JR 시부야역 서쪽 출구에서 도보 1분

여유롭게 즐길 수 있는 분위기 카페를 찾아라!

잠은 모험 5

1. 병설된 SKY DECK BAR, 혼자라면 이쪽 자리도 추천
2. 해산물 쌀국수 세트(앞쪽)와 하이난 치킨라이스 세트(뒷쪽), 각 1600엔)도 있다.
3. 나무로 꾸민 테라스석
4. 아시안 버거인 '바오'를 맛볼 수 있다.
5. 해질 무렵은 각별히 도쿄타워가 반짝인다.
6. 셰프 오쿠보 토시아키(大久保利昭) 씨

아시안 테이스트의 버거를 맛보세요!

계절을 즐길 수 있는 수로 주변의 카페

# CANAL CAFÉ

커넬 카페

도심 속에서 리조트 기분을 느낄 수 있는 수상 레스토랑. 사계절의 풍경이 펼쳐지는 테라스석에서 화덕에 구운 피자를 맛볼 수 있다. 부담 없이 이용할 수 있는 데크석도 있다.

나폴리풍 피자!

**Map P.123-A2** 이다바시(飯田橋)

🏠 신주쿠구 가구라자카 1-9 ☎ 03-3260-8068
🕐 11:30~22:00 (L.O. 21:00), 일·공휴일 ~21:30 (L.O. 20:30)
🈺 첫째·셋째 주 월요일 (공휴일인 경우 영업)
🚇 지하철 이다바시역 B2a 출구에서 도보 1분, JR 이다바시역 서쪽 출구에서 도보 2분

1. 보트도 탈 수 있다.(유료)
2. 수로 주변의 데크 사이드
3. 레스토랑 사이드의 테라스석
4. 5. 피자소렌티나(1650엔)에 애피타이저와 음료 세트(1320엔) 추가

*Riverside*

**view point!**

레스토랑 사이드와 셀프서비스 스타일의 데크 사이드가 있다. 수로의 경치를 즐기면서 레스토랑 사이드의 테라스석이나 데크 사이드로 장소를 선택. 수로 주변은 벚꽃 명소로, 개화 시기에는 혼잡하다.

부담 없이 들를 수 있는 리버뷰 우드데크

*PITMANS* 피트만스

스미다가와 옆에 위치한 워터프론트 레스토랑. 병설 양조장에서 만든 수제 맥주와 엄선된 커피가 인기(상세→P.107).

**Map P.123-B1** 기요스미시라카와(清澄白河)

🏠 고구 기요스미 1-1-7 LYURO 도쿄 기요스미 by THE SHARE HOTELS 2층
☎ 050-3188-8919
🕐 7:00~22:00 (L.O. 21:00)
🈺 비정기 휴무
🚇 지하철 기요스미시라카와역 A3 출구에서 도보 10분
※ 현금 불가

이쪽도 check!

1. 우드데크의 강 쪽 테라스는 반려견과 함께 들어갈 수 있다.
2. 텍사스 풀드포크 버거 런치(1400엔)
3. 스미다가와(隅田川)와 키요스바시(清州橋)

작은 모험 6

보물 골동품도 만날 수 있다!

# 서양식 건물 카페 & 고민가 카페에서 비일상적으로 여행

서양풍 카페에서 우아하게 차를 즐기거나 고민가 카페에서 여유로운 시간을 보내는 등 일상을 잊고 리프레시. 엄선된 요리 및 디저트와 함께 '특별한 세계'를 만끽!

매혹적인 카페에서 여행 기분을 즐기다

서양식 건물

'우와, 여기는 어디야?'라고 물어보고 싶어지는 신기한 공간. 시간을 거슬러 올라 옛날 옛적의 모습을 상상해 보는 것도 즐겁다. 여행 기분을 만끽할 수 있는 멋진 가게들을 리스트업!

**유럽풍 카페 & 고민가** TOTAL 1.5~2시간

추천시간 10:00~16:00 | 예산 1500~3000엔

비어 있는 시간에 방문하고 싶다. 영화와 드라마, 잡지의 인기 촬영지가 되어있는 곳도 있어 주목도가 높다. 주말은 행렬이 길어지는 경우도 있어 여유 있게 분위기를 즐기기 위해서는 평일 한산한 시간대가 가장 좋다.

예술의 운치를 모든 저택

## OGA BAR by 小笠原伯爵邸

오가 바 바이 오가사와라 백작 저택

◀건물 네비▶

건축: 스패니쉬 양식
창건: 1927년
전신(前身)
오가사와라 나가요시
(小笠原長幹) 백작의 저택

볼거리
●식물이 만발한 정원과 모자이크가 아름다운 외벽
●스페인 건축의 특징 있는 안뜰 '파티오'

사랑스러운 느낌의 도자기 모자이크

수령(樹齡) 약 500년의 올리브 나무

외벽 하부의 정초 명판

1. 안뜰에서 볼 수 있는 스페인 양식 반원 아치와 기둥, 벽의 세공 등 스페인 느낌이 물씬
2. 정원에서 특히 눈에 띄는 나무는 가게의 심벌 트리
3. 레스토랑 입구의 들창
4. 시가룸은 이슬람풍의 인테리어. 벽의 장식이 정교하여 장관이다

스페인의 요소들을 도상했습니다.

페이스트리 셰프 타카하시 소야(高橋草哉) 씨

5. 왼쪽은 살구와 피스타치오 타르트, 오른쪽은 도토리 리큐어를 활용한 초콜릿케이크 (각 770엔)
6. 진을 이미지한 수제 진으로 만든 논 알코올 칵테일(1430엔)
7. 카페 & 바의 실내
8. 야외 '파티오' 좌석

중동풍의 시가룸

최초 간다♪

쇼와(昭和) 초기의 저택을 복원. 75년의 세월을 거쳐 레스토랑과 카페 & 바로 재생. 카페는 모양도 아름다운 디저트가 인기. 우아한 사교장의 자취를 간직한 관내는 견학(15분 정도)도 가능하다.

**Map** P.118-C2 와카마츠카와다(若松河田)

🏠 신주쿠구 카와다쵸 10-10 ☎03-3359-5830 ⏰11:30~20:00 (L.O. 19:30)
🚫연중무휴 🚇지하철 와카마츠카와다역 카와다 출구에서 도보 1분
※카페 이용객 관내 견학: 월~금 15:30~17:00(전세 사용일은 불가.)
6명 이상은 사전 연락 필요.

로맨틱한 미술관 카페
# Café 1894
## 카페 1894

로고가 라떼 아트로

복원된 은행 창구의 모습 2

◀ 건물 네비 ▶
건축: 영국 빅토리아 시대의 퀸 앤 양식
창건: 1894년/2009년 복원
전신(前身): 은행영업실
볼거리
●이국을 생각나게 하는 벽돌 외관
●은행 당시를 방불케 하는 접수 창구

바삭바삭 크럼볼

1. 클래시컬한 별세계. 은행영업실로 사용되었던 실내는 8m
   높이의 오픈 천장으로 개방감 가득하다.
2. 접수창구의 램프도 운치가 있다.
3. 로고 아트가 들어간 카푸치노(770엔)
4. 본래 건물은 영국인 조시아 콘도르의 설계
5. 인기 있는 수제 클래식 애플파이(930엔)

메이지(明治)시대의 서양 건축을 세부적인 부분까지 충실히 복원한 '미츠비시(三菱) 1호관 미술관' 안에 있는 카페·바. 카페 이용도 좋지만 런치나 술을 즐기기 위해 방문하는 것도 추천

**Map P.121-A3** 마루노우치(丸の内)

🏠치요다구 마루노우치 2-6-2 미츠비시 1호관 미술관 안
☎03-3212-7156 🕐11:00~23:00 (L.O. 22:00), 카페 타임 14:00~17:00
🚭비정기 휴무 🚃JR 도쿄역 마루노우치 남쪽 출구에서 도보 5분

---

여유롭게 즐기세요!

스태프
타케오카(竹岡) 씨

고민가와 잡화, 그리고 맛있는 식사
# 松庵文庫
## 쇼안문고

솜도 체크!

◀ 건물 네비 ▶
건축: 1930년경(쇼와 초기)
전신(前身): 음악가 부부의 주거
볼거리
●욕실 터와 같은 주거의 흔적이 남아있는 장소
●안뜰의 수령(樹齢) 100년인 진달래

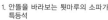

1. 안뜰을 바라보는 툇마루의 소파가 특등석
2. 가구도 골동품으로
3. 각지의 맛있는 음식과 잡화를 오너가 직접 셀렉트
4. 쌀밥 한 상(1980엔)

주택가에 숨어 있는 고민가 카페. 요리에 관한 책을 읽으며 오리지널 블렌드 커피와 잠깐의 휴식을. 질 좋은 식재료를 사용한 밥상(예약 필요)은 자신도 모르게 감탄이 터져 나오는 맛.

**Map P.122-A2** 니시오기쿠보(西荻窪)

🏠스기나미구 쇼안 3-12-22 ☎03-5941-3662 🕐9:00~18:00
🚭월·화 (SNS 확인 필요) 🚃JR 니시오기쿠보역 남쪽 출구에서 도보 7분

솥으로 지은 밥이 맛있어요

**◀ 건물 네비 ▶**
창간: 1933년
전신(前身)
1층은 메밀국수점
2층은 여관
볼거리
●1층의 카운터 흔적,
메밀국수점의 메뉴표
●2층의 다다미 양식과
가재도구

옛 정서에 새로운 감각을 불어넣은
# 蓮月
렌게츠

정원의
테라스석

2층
다다미방은
옛날 그대로

볼고 푸이 멋있다

4. 봄과 가을은 테라스석도 좋다. 여름에는 큼직한 연꽃을 볼수 있다.
5. 여유 있게 다리를 펴고 쉴 수 있는 16평의 다다미방

(역대)
메뉴표가
벽에

메밀국수점의 카운터였던 곳

1. 1층은 재즈가 흐르는 멋진 분위기 입구 부근에는 옛날 가구와 도구들이 장식되어 있다.
2. 쇼와 시대의 재봉틀도 인테리어로
3. 추천 메뉴인 서양풍 요리 3종에 15곡 밥, 샐러드가 곁들여진 렌게츠 플레이트 런치(1650엔). 오른쪽은 렌게츠 소다(라즈배리) (660엔)

이케가미혼몬지(池上本門寺)의 문 앞에 있는 렌게츠는 원래 메밀국수점과 여관이었다. 당시의 모습 그대로 거의 손을 대지 않은 2층 다다미방과 모던하게 개장한 1층, 정원에는 테라스석이 있다. 요리는 서양풍 테이스트.

Map P.116-C2 이케가미(池上)
🏠 오타구 이케가미 2-20-11 ☎03-6410-5469
🕐11:30~19:00 (L.O. 18:30), 금·토 11:30~21:30 (L.O. 21:00)
🈺화·수 🚉도큐 이케가미선 이케가미역 북쪽 출구에서 도보 8분

정겨웁도,
새로웁도
있습니다

경주
와지마(輪島) 씨

## 고민가에서 한잔!

1. 병맥주도 있다.
2. 복합시설인 '우에노 사쿠라기 아타리(上野桜木 아타리)'의 내부에 위치한다.
3. 야나카(谷中) 맥주를 비롯한 8종류의 수제 맥주
4. 운치 있는 현관

운치 있는 분위기와 수제 맥주를 즐길 수 있는
# 谷中ビアホール
야나카 비어홀

1938년에 건축된 민가를 리노베이션한 내부는 쇼와(昭和) 시대로 타임슬립한 것 같다. 야나카를 이미지한 수제 맥주로 건배(상세→P.109)

Map P.122-C2 야나카(谷中)
🏠 다이토구 우에노 사쿠라기 2-15-6 우에노 사쿠라기 아타리 1호동
☎03-5834-2381 🕐11:00~20:00, 월 ~15:30
🈺셋째 주 월요일 (공휴일인 경우 영업)
🚉JR 닛포리역 서쪽 출구에서 도보 10분. 지하철 네즈역 1번 출구. 센다기역 1번 출구에서 도보 10~12분

## ◀ 건물 네비 ▶

건축: 처마가 길게 나온 다시케다즈쿠리(出桁造り) 양식의 상가
창건: 1916년
전신(前身) 1938년에 오픈했던 찻집
볼거리
●다이쇼(大正) 시대의 상가 외관
●쇼와 시대부터 이어진 가죽 의자, 벽돌 카운터

옛 모습 그대로의 벽돌로 만든 카운터

야나카의 심벌 같은 찻집
# カヤバ珈琲
카야바 커피

1. 옛 모습이 남아있는 1층
2. 야나카 노포의 한천을 사용한 과일 화채 안미츠(800엔)
3. 사워도우 달걀 샌드위치(1000엔)와 커피 & 코코아를 믹스한 러시안
4. 3층은 다다미

원래의 찻집 폐점 후, 이를 아쉬워하는 목소리로 인해 2009년에 부활. 상가의 외관과 쇼와의 분위기를 남기면서 새로운 감성도 가미했다. 달걀 샌드위치와 러시안이 명물 메뉴.

**Map P.122-C2** 야나카(谷中)

🏠다이토구 야나카 6-1-29 ☎03-5832-9896 ⏰8:00~18:00 (L.O. 17:30), 토 · 일 · 공휴일 ~19:00 (L.O. 18:30) 🈺연중무휴 전날까지 예약 가능 🚉지하철 네즈역 1번 출구에서 도보 10분

## ◀ 건물 네비 ▶

창건: 안채는 다이쇼(大正) 시대 말기, 다실(茶室)은 1954년 중축
전신(前身): 다실 '코소안'
볼거리
●실내를 장식하고 있는 골동품과 인형·회화
●계절의 식물이 무성한 정원

오래된 뽕나무로

문화인과 인연 있는
# 古桑庵
코소안

편안하고 안심된다..

1. 제철 과일이 들어간 화채 안미츠(900엔)
2. 쓴맛이 없고 부드러우면서 향이 좋은 말차 (900엔)
3. 정원이 보이는 다다미 좌석. 안채에는 지금도 사람이 거주하고 있다.
4. 아담한 일본식 방
5. 6. 초대 점주가 제작한 인형과 그림이 장식되어 있다.
7. 사계절을 느낄 수 있는 정원

고풍스러운 일본 가옥의 다실(茶室)과 안채의 일부를 찻집 & 갤러리로 탈바꿈해 1999년에 개업. 다다미에 앉아 가꿔진 정원을 바라보며 여유를 즐길 수 있는 것이 매력.

**Map P.122-B1** 지유가오카(自由が丘)

🏠메구로구 지유가오카 1-24-23 ☎03-3718-4203 ⏰11:00~18:30 🈺수 🚉도큐 도요코선 · 오이마치선 지유가오카역 정면 출구에서 도보 5분

### 코소안의 유래를 보면

설립자인 와타나베 히코(渡辺彦)/정주의 조부) 씨는 일본 문학의 거장 나츠메 소세키(夏目漱石)의 맏사위인 소설가 마츠오카 유즈루(松岡譲)와 친구 사이로 두 사람은 함께 다실을 만들기로 계획했다. 마츠오카 씨는 고향 나가타(新潟)에서 건축자재로 뽕나무의 오랜 재목을 조달했고, 완성 후 '코소안'이라고 명명했다. 다방의 좌식 벽에는 소세키의 자필 글도 있다.

# 유니크한 콜라보레이션에 깜놀
# 멋진 테마 카페에서 차를 즐겨 보자

쇼 같은 연출과 쇼핑 등
카페 시간 플러스 알파의 체험이 가능한
유니크 테마 카페를 소개.

**테마 카페만의**
**인테리어와 정성을 쏟은**
**메뉴에 주목!**

공중목욕탕 × 카페

공중목욕탕의 분위기가 남아 있는 인테리어의 카페나 문구
류 모양 쿠키 등 개성이 넘치는 9개 점포에서 평소와는 조
금 다른 카페 체험.

기초 건축은 그대로 둔 채 리노
베이션.
참고로 점포 이름 레본은 reborn
(다시 태어나다)에서 유래

1. 탈의실의 주의
   사항
2. 목욕탕 타일은
   오리지널 커피
   (→P.89)의 패
   키지에도 디자
   인되어 있다.
3. 후지산 페인트
   화는 하야카와
   토시미츠(早川
   利光) 씨가 그
   린 것

커피와 아이스크림의
조합을 즐길 수 있는 플
레이트(980엔)

## 테마 카페에서 차를 즐기자

**TOTAL 1시간~**

추천시간 9:00~ 23:00　　예산 1000엔~

💡 테마 카페를 즐기기 위한 사전 조사
BUNDAN(→P.55)의 한정 5식의 조식 세트와
카메노코 수세미(→P.53)에서 흘수 날짜에만
등장하는 카메론빵 등등 가게를 사전에 조사
해 레어 메뉴를 먹어 보자.

카운터에 앉아
기념 촬영!

1928년 문을 연 공중목욕탕이 카페로 재탄생

## rébon Kaisaiyu
레본 카이사이유

커피를 좋아하는 사람도, 목욕탕 러버도,
건축 매니아도 기뻐할 행복한 공간이
2020년에 탄생했다. 2016년까지 운영되던
공중목욕탕이 탈의실은 카페로, 욕탕은 건
축회사의 사무실로 재탄생했다. 사무실 내
부는 견학도 가능.

**Map P.119-B3** 이리야(入谷)

🏠 다이토구 시타야 2-17-11
☎ 03-5808-9044
🕐 12:00~19:00, 토·일
공휴일 11:00~
🈺 비정기 휴무
🚇 지하철 이리야역 4번 출
구에서 도보 2분

부드럽고 야련한 짠맛의 순두부(400엔)는 매일 아침 매장 안의 두부 공방에서 만든다.

오키나와현의 '혼와 카토(本和香糖)'를 사용한 부드러운 단맛의 수제 푸딩(400엔)

### 브랜드 무인양품의 일본 내 유일한 다이너
# MUJI Diner 銀座
무지 다이너 긴자

무인양품(→P.100) 지하 1층에 있는 다이너. '재료 본연의 맛'이라는 컨셉 아래 소재를 맛보는 메뉴를 제공. 매주 바뀌는 정식 외에 디저트도 있으며 카페 이용 역시 OK.

**Map** P.121-B4 긴자(銀座)

🏠 추오구 긴자 3-3-5 B1층
☎ 03-3538-1312
🕐 11:00~21:00(L.O. 20:00)
📅 비정기 휴무
🚇 지하철 긴자역 B4 출구에서 도보 3분

1. 식사 후에는 숍 플로어를 체크. 그 자리에서 바로 찻잎을 조합해 주는 블렌드 티 공방(1층)
2. 4층에는 독자적으로 선정한 서적 코너인 MUJI BOOKS가 있다.
3. 1층의 주스 스탠드

무인양품 ✕ 카페

매콤한 소스가 계속 먹고 싶어지는 가라아게(닭강정) 정식(매주 바뀌는 정식 중 하나, 1250엔)

인테리어에 향신료 병을 활용. 매장에는 소파와 카운터석도 있다.

---

1. 커피는 핸드드립으로 만든다.
2. 카페는 14시에 오픈하지만, 13시부터 대기자 명단을 적어 놓을 수 있다.

예언 ✕ 카페

마음이 안정될 때까지 기다란 후 시작한다. 당신은...

### 조금은 독특한 힐링 체험
# 珈琲專門店
# 預言CAFE 高田馬場
커피 전문점 예언 카페 타카다노바바

교회가 운영하는 커피 전문점으로, 희망자에게 '신의 예언을 전하는' 서비스를 하는 것이 화제가 됐다. 지금은 긴 행렬이 생길 정도로 인기 점포. 마음이 피로할 때나 누군가가 격려해 주었으면 하는 때에 추천

**Map** P.118-C1 타카다노바바(高田馬)

🏠 신주쿠구 타카다노바바 4-2-38 코요빌딩 1층
☎ 비공개 ※온라인 문의
🕐 114:00~18:15, 수 ~19:00 📅일
🚇 JR 타카다노바바역 토야마 출구에서 도보 3분
🔗 yogencafe.com

오! 확실히 그런 점이 있을지도

예언 희망자에게는 약 3분 동안 신의 메시지를 이야기해 준다. 점이 아니라, 듣는 이를 성장시키는 말과 격려가 중심. 반드시 스마트폰으로 녹음해 두자

중강배전으로 로스팅한 예언 CAFE 블렌드(950엔). 원두는 수제 로스팅

술에 어울리는 요리가 갖춰져 있다.

소 같은 연출에 감동

# and people ginza
## 앤드 피플 긴자

이국정서가 넘치는 1층에는 장대한 밤하늘을 표현한 프로젝션 매핑과 음악이 다른 세계로 안내한다. 로맨틱한 캔들룸, 프라이빗한 공간의 스타룸도 있다.

Map P.121-C3  긴자(銀座)

🏠 추오구 긴자 6-5-15 긴자 노가쿠도빌딩 8층, 9층
☎03-3578-8440
🕐17:00~23:30 (L.O. 23:00), 토·일·공휴일 12:00~
📅비정기 휴무
🚇지하철 긴자역 B9 또는 C3 출구에서 도보 4분
🏠[and people jinnan] 시부야구 진난(神南) 1-20-5 VORT 시부야 briller 6층

초콜릿으로 그린 데코레이션 플레이트. 여기에 폭죽이 달린 케이크를 담아서 생일 축하를 연출

1. 천장에 영상이 투영되는 플라네타리움 별하늘을 처음으로 1시간마다 프로젝션 매핑이 새롭게 시작된다.
2. 커다란 폭죽이 천장 가득
3. 환상적인 오로라
4. 물고기떼가 우아하게 헤엄친다.

(앞쪽)인기있는 새우 아히죠 포카치아 세트(1100엔)와 (뒤쪽)치즈 케이크(715엔). 칵테일은 수제 상그리아.

편안하게 릴랙스

여유롭게 쉴 수 있는 골동품 느낌의 소파가 늘어서 있다

프로젝션 매핑 × 카페

1

2

3

4

하늘로 날아오르는 랜턴을 표현한 프로젝션 매핑. 두드 맞춤 음악과 함께 즐길 수 있다.

멋진 테마 카페에서 차를 즐기자

카운터석에서
쇼핑과 함께
휴식을

문구점 × 카페

점포에는 식품 라벨과 종이봉투 등 약 1만 5000개의 아이템을 갖추고 있다. 하나뿐인 제품이나 희소성 있는 상품도 많다.

문구숍와 완벽한 깜찍한 메뉴에 심쿵!

# BUNGU BAR
분구 바

미국 등 세계 각국의 운치 있는 옛날 문구를 모은 "THINGS 'N' THANKS"에 부설된 카페바. 잉크 누마 크림소다와 만년필 쿠키 등 장난스러움이 가득한 메뉴가 즐겁다.

1, 4. 잉크병에 들어 있는 것처럼 만든 시럽 중에서 2종류를 고를 수 있는 3색 크림소다인 잉크 누마 크림소다 (770엔)
2. 삼각자를 모티프로 한 샌드위치인 삼각위치, 계절의 수프와 세트로(935엔)
3. 지도 쿠키와 만년필 쿠키는 음료로 곁들일 수 있다.(→P.56)

**Map** | **P.119-C4**   오시아게[押上]

🏠스미다구 나리히라 1-21-10 코포 우스이 101호실
☎080-9216-4611
🕐12:00~23:00
㊡월・화
🚇지하철 오시아게역 A2 출구에서 도보 2분

---

야네센 유명 가게와의 콜라보 메뉴로 인기가 뜨거운

# 亀の子束子
谷中店
카메노코 수세미 야나카점

'수세미'를 고르는 사이에 잠깐 쉴 수 있는 장소를 내건, 친절함이 가득한 숍에 부설된 카페. '야나카 커피'와 콜라보한 카메노코 블렌드 등 여기서만 맛볼 수 있는 메뉴가 매력 포인트.

**Map** | **P.122-C2**   네즈(根津)

🏠분쿄구 네즈 2-19-8 SENTO빌딩 1층 A
☎03-5842-1907
🕐11:00~18:00(L.O. 17:30)
㊡연중무휴
🚇지하철 네즈역 1번 출구에서 도보 2분
🏠[본점] 키타구 타키노가와 6-14-8

플레인, 초코, 시나몬이 있다.

1, 2. 야나카의 구움과자 가게 'Succession'과 콜라보한 쿠키(3개 220엔)과 파낭시에(200엔)

홀수 날짜에만 등장하는 거북이 모양의 카메론빵(297엔)과 카메노코 블렌드(330엔)

안에는 쿠카루 크림이 들어 있어요

각종 수세미는 물론, 티셔츠와 가방 등 오리지널 굿즈도 있다 (→P.84~87)

수세미 모양의 타와시 크림빵 (297엔)은 짝수 날짜 한정 메뉴

수세미 브랜드 × 카페

53

플라워숍 × 카페

카페를 장식하는 벽과 테이블의 디스플레이는 계절마다 바뀐다.

아래쪽은 스뫼레브뢰 연어 & 계란(1100엔), 오른쪽 위는 드림케이크(800엔), 왼쪽 위는 스무디 히라타 호스파워(1100엔)

덴마크의 전통 요리

예술적인 프레시 플라워 박스(4070엔~)는 선물로 최고.

계절의 꽃이 향기로운 스타일리시 카페

# Nicolai Bergmann Nomu
## 니콜라이 버그먼 노무

플라워숍 부설 카페. 갓 구운 호밀빵으로 만든 덴마크 오픈 샌드위치와 스무디 등 건강하고 만족도 높은 메뉴가 가득.

**Map** P.117-A2  아오야마(青山)

🏠 미나토구 미나미아오야마 5-7-2 SS미나미아오야마 Part3
☎ 03-5464-0824
🕐 10:00~19:00 (L.O. 18:30)
📅 비정기 휴무
🚇 지하철 오모테산도역 B3 출구에서 도보 4분

디스플레이된 꽃들을 보면서 티타임을 즐길 수 있다.

도서실 작업을 할 수 있는 열람실 연구실, 티룸, 전시실 등의 공간이 있다.

샤르트 뤼는 커스터드 푸딩(663엔)은 유행하는 단단한 푸딩.

책방 × 카페

간직해 두었던 소중한 책과 만나는 장소

# 文喫
## 분키츠

'입장료가 있는 책방'으로 화제인 분키츠는 책 선정도 유니크하고 카페도 하이 레벨. 궁금한 책을 손에 들고 카페에서 하루 여유 있게 보내는 휴일도 좋다. 서적은 약 3만권.

**Map** P.120-A2  롯폰기(六本木)

🏠 미나토구 롯폰기 6-1-20 롯폰기 전기 빌딩 1층 ☎ 03-6438-9120
🕐 9:00~21:00 (L.O. 19:00)
📅 비정기 휴무
💴 1650엔 (토·일·공휴일 1980엔)
🚇 지하철 롯폰기역 3 또는 1a 출구에서 도보 1분

정기적으로 기획전을 열고 있습니다.

말랑말랑 푹 끓인 소볼살 하야시(하이)라이스(1188엔)가 대표 메뉴

독서를 할 수 있고 식사도 맛있는 잘 알려지지 않은 카페인가 봐

喫茶室

한 손에 책을 들고 별세계로 여행

# BUNDAN
분단

책과 커피의 향에 둘러싸인 북카페. 다니자키 준이치로(谷崎潤一郎)의 '탄산수', 다자이 오사무(太宰治)의 단편소설 『여인 훈계』에 등장하는 '우설 스튜' 등 책을 좋아하는 사람의 마음을 자극하는 메뉴들과 함께 문학의 세계를 즐기자.

**Map** P.120-A1 　　고마바(駒場)

🏠 메구로구 고마바 4-3-55 일본근대문학관 안
☎ 03-6407-0554
🕘 9:30~16:20 (L.O. 15:50)
🚫 일 · 월, 넷째 주 목요일
🚋 케이오이노카시라선 고마바토다이마에역 서쪽 출구에서 도보 8분

카페에서 제공하는 '아쿠타가와(芥川)', '오가이(鷗外)' 등 문호들의 이름을 붙인 오리지널 커피를 구입할 수 있다.

문학
×
카페

순수문학부터 서브컬처 장르까지 약 2만권의 장서가 벽을 메운 모습은 압권.

셜록 홈즈 시리즈에 등장하는 메뉴인 '맥주 수프'와 '연어 파이'(1100엔)

희곡 『맥베스』에 등장하는 스쿤석(Stone of Scone)에서 힌트를 얻은 셰익스피어 스콘(750엔)

일찍 일어나 조식을 먹으며 독서를 즐겨 보자

카페는 고마바공원 부지 안에 있어 테라스석에서는 마치 그림 같은 경관을 즐길 수 있다.

TAKE OUT CUP

컬렉션하고 싶어진다!

## 사랑스러운 테이크아웃 컵 도감

가지고 있는 것만으로 기분이 좋아지는 사랑스러운 테이크아웃 컵을 모았습니다.

**핑크 슬러시!**

### Paradise Lounge
**파라다이스 라운지**
1980~1990년대의 복고풍이 특징인 뮤직 바.
영화『토요일 밤의 열기』를 이미지한 컵은 재치 만점
→ P.42

### 之a Aoyama
**차 아오야마**
한글을 사용한 가게명이 적힌 투명 컵을 겹쳐 옆쪽에서도 달고나가 보이는 것이 포인트
→ P.22

### カヤバ珈琲
**카야바 커피**
야나카의 고민가를 리노베이션한 카페. 2층의 운치 있는 목조 건물이 아이콘으로.
→ P.49

### Sunset Coffee Jiyugaoka
**선셋 커피**
지유가오카
지유가오카를 산책하면서 마실 수 있도록 컵홀더에 자유가오카의 지도가 디자인되어 있다.
→ P.104

Back!

### Urth Caffé 代官山店
**얼스 카페 다이칸야마점**
지구환경 보호에도 노력하고 있어 로고에 많은 사랑을 담아라는 의미의 빨간 하트가 그려져 있다.
→ P.69

**타피오카 음료도 인기!**

### 理科室蒸留所
**과학실 증류소**
유리 가구들이 늘어선 실험실 같은 카페. 증류소 음료를 제공한다. 컵도 이과 계열~?
→ P.107

**치즈 맛 지도 쿠키**

### The Little BAKERY Tokyo
**더 리틀 베이커리 도쿄**
미국의 팝적인 디자인의 로고가 새겨진 컵에 흰색X청색의 스트라이프 빨대가 돋보인다.
→ P.73

### オニバスコーヒー中目黒
**오니바스**
커피 나가메구로
합승 버스처럼 커피로 사람과 사람을 연결한다가 컨셉. 컵 디자인은 원두 주머니의 디자인을 조합한 것
→ P.99

### TEAPOND
**티폰드**
티폰드의 로고와 트레이드마크를 넣은 고급감 넘치는 디자인
→ P.60

### BUNGU BAR
**분구 바**
세계지도 일러스트가 그려진 컵에 제공되는 커피 서비스로 지도 모양의 쿠키도 곁들여진다.
→ P.53

**봉고야이 예요**

### CAFE SOSEKI
**카페 소세키**
나츠메 소세키(夏目漱石) 기념관에 있다. 로고도 컵도 소세키가 기르던 고양이이며 작품에도 등장하는 검은 고양이
→ P.77

**56**

몸도 마음도
가득 채워진다.

# 맛도 분위기도 대만족!
# 도쿄 테마별
# 카페 안내

커피 탐구 여행에 나서거나 보타니컬 카페에서 힐링되거나...
매일 가고 싶은 카페부터 비일상을 맛보는 카페까지
폭넓은 베리에이션을 즐길 수 있는 것이 도쿄 카페 순례의 묘미.
aruco 편집부가 엄선한 카페에서 호기심도 배도 채우자♪

**WELCOME**

# 뉴웨이브가 석권!
# 커피, 홍차, 일본차 전문점

엄선한 커피와 어레인지티,
캐주얼하게 즐길 수 있는 일본차 등
새로운 매력이 가득한 전문점에서
마음에 드는 것을 발견하자.

**COFFEE**
커피

원두의 품종, 그라인딩, 로스팅, 추출 방식에 따라 다양한 맛을 즐길 수 있다.

**Special**

바리스타가 고른 그라인더와 추출 기구를 사용해 직접 커피 로스팅부터 추출까지 체험할 수 있다.

바리스타의 조언과 커피의 미각을 조감할 수 있는 '플레이버 컴퍼스(Flavor Compass)'를 참고하여 원두를 선택.

원두의 특징을 알 수 있는 디스크립션 카드.

원두를 갈 그라인더는 수동과 전동이 8종류 있는데, 이번에는 FELLOW의 '오드'를 체험.

새로운 커피 체험을 할 수 있는 '실험실'

## OGAWA COFFEE LABORATORY 下北沢
오가와 커피 실험실 시모키타자와

교토의 노포 카페 '오가와 커피(小川珈琲)'가 오픈한 '체험형 빈(bean) 살롱'. 20종류 이상의 원두와 프로가 사용하는 기구 약 40종류를 갖추어 맛있는 커피를 만들기 위한 방법을 바리스타가 전수해 준다. 스페셜한 커피 체험이 기다리고 있다.

**Map P.116-B2**
시모키타자와(下北沢)
🏠 세타가야구 키타자와 3-19-20 reload 1-1
☎ 03-6407-0194
🕗 8:00～20:00 (L.O. 19:30)
📅 연중무휴
🚃 케이오선 · 오다큐선 시모키타자와역 중앙 출구에서 도보 5분

천천히 천천히 그러듯이

쓴맛을 즐기고 싶으므로 확실하게 원두의 맛을 끌어내 주는 FELLOW의 드리퍼로 추출

**Pick up!**

오가와 커피 오리지널 타히티산 바닐라 젤라또. (500엔)

자신이 탄 커피는 각별. 수제 스콘(580엔~)과 함께 천천히 맛보자.

**Coffee Memo**

**용어 정리**

**써드 웨이브 커피**
생산지에서 직수입한 싱글오리진 원두를 핸드드립으로 내린 커피. 산지의 개성을 즐길 수 있다.

**싱글오리진**
특정 지역 · 농원에서만 재배된 원두.

**스페셜티 커피**
원두의 생산 · 유통 과정이 명확하고 심사에서 고평가를 받은 최고급 커피.

**커피 추출 방식**

**핸드드립**
수동으로 타는 것. 페이퍼드립이 주류.

**에스프레소 머신**
아주 가늘게 간 원두를 전용 기계를 사용하여 단시간에 고압을 가하여 추출. 농후하고 깊은맛이 있는 에스프레소는 라떼와 카푸치노에도 사용된다.

**기타**
사이폰이나 프렌치 프레스 등 전용 기구를 이용하는 방식과 콜드브루 등이 있다.

 '오가와 커피'는 바리스타가 추출 방법을 기초부터 알려줘서 커피 초보인 저도 재밌게 즐길 수 있었어요. (도쿄도 · E)

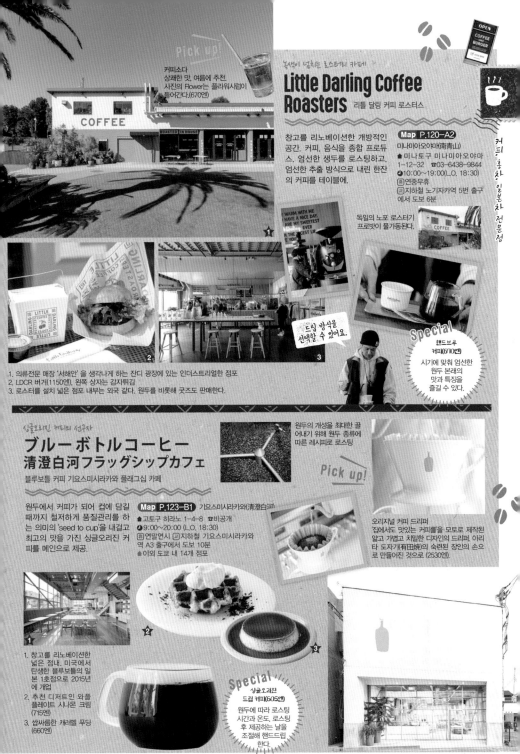

커피소다
상쾌한 맛, 여름에 추천. 사진의 Flower는 플라워시럽이 들어간다.(670엔)

녹색이 넘치는 로스터리 카페

# Little Darling Coffee Roasters 리틀 달링 커피 로스터스

창고를 리노베이션한 개방적인 공간. 커피, 음식을 종합 프로듀스. 엄선한 생두를 로스팅하고, 엄선한 추출 방식으로 내린 한잔의 커피를 테이블에.

Map P.120-A2
미나미아오야마(南青山)
미나토구 미나미아오야마 1-12-32 ☎03-6438-9844
10:00~19:00(L.O. 18:30)
휴 연중무휴
교 지하철 노기자카역 5번 출구에서 도보 6분

독일의 노포 로스터기 프로밧이 풀가동된다.

드립 방식을 선택할 수 있어요.

Special
핸드브루 커피(670엔)
시기에 맞춰 엄선한 원두 본래의 맛과 특징을 즐길 수 있다.

1. 의류전문 매장 '서해안'을 생각나게 하는 잔디 광장에 있는 인더스트리얼한 점포
2. LDCR 버거(1150엔), 왼쪽 상자는 감자튀김
3. 로스터를 설치 넓은 점포 내부는 외국 같다. 원두를 비롯해 굿즈도 판매한다.

싱글오리진 커피의 선구자

# ブルーボトルコーヒー 清澄白河フラッグシップカフェ

블루보틀 커피 기요스미시라카와 플래그십 카페

원두의 개성을 최대한 끌어내기 위해 원두 종류에 따른 레시피로 로스팅

원두에서 커피가 되어 컵에 담길 때까지 철저하게 품질관리를 하는 의미의 'seed to cup'을 내걸고 최고의 맛을 가진 싱글오리진 커피를 메인으로 제공.

Map P.123-B1 기요스미시라카와(清澄白河)
고토구 히라노 1-4-8 ☎비공개
9:00~20:00 (L.O. 18:30)
휴 연말연시 교 지하철 기요스미시라카와역 A3 출구에서 도보 10분
이외 도쿄 내 14개 점포

Pick up!
오리지널 커피 드리퍼
'집에서도 맛있는 커피를'을 모토로 제작된 얇고 가볍고 치밀한 디자인의 드리퍼. 아리타 도자기(有田焼)의 숙련된 장인의 손으로 만들어진 것으로 (2530엔).

1. 창고를 리노베이션한 넓은 점내. 미국에서 탄생한 블루보틀의 일본 1호점으로 2015년에 개업
2. 추천 디저트인 와플 플레이트 시나몬 크림 (715엔)
3. 쌉싸름한 캐러멜 푸딩 (660엔)

Special
싱글오리진 드립 커피(605엔)
원두에 따라 로스팅 시간과 온도, 로스팅 후 제공하는 날을 조절해 핸드드립한다.

'Little Darling Coffee Roasters'는 날씨가 좋은 날 잔디밭에서 피크닉을 즐길 수 있어요.

# TEA
## 홍차

산지를 엄선한 풍부한 종류의 찻잎이 있으니 비교하며 마시는 것을 즐겨 보자. 플레이버티와 독자적인 블렌드티도 매력.

### Special
**MLESNA티 프리 (1100엔)**
그날의 추천 홍차를 무한 리필하는 서비스. 스흐할 때까지 컵이 비워지면 다른 종류를 계속해서 소량씩 따라 준다. 희귀한 플레이버도 많다.

---

플레이버티 무한 리필
# The tee Tokyo supported by MLESNA TEA
더 티 도쿄 서포티드 바이 믈레즈나 티

스리랑카 최대급의 홍차 브랜드 믈레즈나 티로 만든 100종류 이상의 플레이버티가 한가득. 무한 리필 시스템 '티 프리'로 비교해 마시면서 즐겨 보자.

Map P.123-A1 가구라자카(神楽坂)
🏠신주쿠구 탄스초 30 (神楽坂)
☎03-6280-7305
🕐11:00~20:00
🗓연말연시
🚇지하철 우시고메가구라자카역 A1 출구에서 도보 2분, 지하철 가구라자카역 1a 출구에서 도보 8분

패키지가 귀여운 상품

### 스태프가 직접 전수하는 요령
1. 연수(軟水)를 끓인 직후에 사용. 찻잎을 넣은 포트에 공기를 머금듯이 물을 따르면 맛이 부드러워진다.
2. 차 거름망으로 거른 후 완성

뜨거운 물을 높은 위치에서 포트로

향기가 올라옵니

**Pick up!**
궁극의 팬케이크(1430엔)
사르르 녹는 식감을 고집한 자신 있는 메뉴. 홍차의 맛이 들어간 베리, 얼그레이, 캐러멜 등 3종류의 소스와 함께 즐긴다.

---

고품질 차잎을 풍부하게 갖춘 홍차 전문점
# TEAPOND
티폰드

계절 한정 브랜드도 판매!

인도와 스리랑카 등 찻잎 재배가 왕성한 지역을 중심으로 세계 각국에서 엄선한 양질의 찻잎만을 취급하는 전문점. 기호에 맞는 찻잎을 캔에 담은 제품과 그 외 티백도 있다.

Map P.117-A2
아오야마(青山)

🏠미나토구 아오야마 2-14-4 the ARGYLE aoyama 1층
☎03-6434-7743
🕐11:00~20:00 ㈜연중무휴
🚇지하철 가이엔마에역 3번 출구에서 도보 3분
[기요스미시라카와점] 고토구 시라카와 1-1-11

### Special
**계절 어레인지티 (648엔)**
사진은 봄 한정 SPRING ROSE TEA(648엔) 다즐링 스노드롭 스프링 로제티의 보기에도 매우 화려!

**Pick up!**
인기 브랜드 얼그레이 블루버드(378엔)도 꼭 시도해 보자

캔에 담은 찻잎 60g(1274엔~)
(티백도 있음)
가격은 브랜드에 따라 다르다. 캔은 보통 올빼미 그림의 레귤러 디자인인데, 108엔을 추가해 사진과 같은 디자인으로 변경할 수 있다.

1. 10종류의 브랜드 티백이 1캔에 3~4개 들어 있는 넘버캔에 들어있는 티백. 사진은 권장하는 브랜드 3캔 세트(각 2494엔)
2. 1팩에 2개의 삼각형 티백이 들어있는 TEA for TWO. 70~80개 브랜드가 있다.(1팩 378엔~)

---

# JAPANESE TEA 일본차

전주가 설명하는)
센차(煎茶) 맛있게 타는 법

**1**
찻주전자에 찻잎을 넣는다.
1인분의 대략적 기준은 3g

**2**
80℃의 물을 찻주전자에.
1인분 약 100cc. 연수(軟水)를 끓이고 조금 식힌 물을 사용하면 좋다.

**3**
1분 기다린다.
고온의 물이라면 기다리는 시간(추출 시간)을 짧게 하는 등 조정하여 원하는 맛을 발견하자.

**시음해 보세요**

**4**
천천히 찻잔에 따른다.
3번 우린 것까지 마실 수 있다. 2, 3번째 우릴 때는 높은 온도의 물을 사용.

**선명한 녹색!**

**5**
색과 향 모두 맛보고 싶다

**고상하고 좋은 향기**

차 향로의 좋은 향이 감도는 매장. 점주 니시가타 케이고(西形圭吾) 씨가 차 선택을 지도.

## Special

**GARDEN No.2**
봉투에 든 것(엔)(1512엔/100g),
캔에 든 것(아래) (2160엔/100g)

인기 있는 센차(煎茶). 산 위의 다원(茶園)에서 재배되어 깔끔한 맛이며, 향기가 강하고 찻잎의 색깔도 아름답다. 맛이 다양해 타는 법에 따라 다르게 즐길 수 있다.

무농약 유기농 재배 차 전문점
## NAKAMURA TEA LIFE STORE
나카무라 티 라이프 스토어

창업 약 100년의 시즈오카(静岡)의 다원(茶園)에서 무농약 유기 재배한 찻잎을 판매. 차의 개성을 즐기기 바라는 마음에서, 찻잎을 혼합하지 않고 수확한 밭별로 제품화했다. 판매점이므로 '시식'은 할 수 없지만, 시음은 OK.

**Map P.123-C2** 구라마에(蔵前)
🏠 다이토구 구라마에 4-20-4
☎ 03-5843-8744
🕐 12:00~19:00
休 월
🚇 토에이아사쿠사선 구라마에역 A0 또는 A4 출구에서 도보 5분

약 60년 전의 건물을 점포로, 3개 차밭의 것 외에도 줄기차와 호지차, 현미차도 판매

단일 농원종종의 싱글오리진을 고집하고, 타는 방법을 연구하는 등 '일본차의 서드웨이브'가 도래!

**Pick up!**

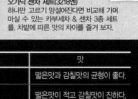

오가닉 센차 세트(3218엔)
하나만 고르기 망설여진다면 비교해 가며 마실 수 있는 카부세차 & 센차 3종 세트를, 차밭에 따른 맛의 차이를 즐겨 보자.

NAKAMURA SINCE 1919

| 녹차의 종류 | 종류 | 제법 | 맛 |
|---|---|---|---|
| | 센차(煎茶) | 일본차의 대표격. 새싹을 찐 후 비벼 가며 건조시켜 만든다. | 떫은맛과 감칠맛의 균형이 좋다. |
| | 카부세차(かぶせ茶) | 찻밭을 덮어 1주일 정도 햇빛을 차단하여 재배(제법은 센차와 같다). | 떫은맛이 적고 감칠맛이 진하다. |
| | 옥로(玉露) | 카부세차보다 길게, 20일 정도 햇빛을 차단하고 재배 | 단맛과 깊은맛이 있다. |
| | 말차 | 옥로와 마찬가지로 재배한 찻잎을 찐 후, 비비지 않고 건조시켜 가루로 만든 것 | 부드럽고 감칠맛이 농후. |
| | 줄기차 | 센차와 옥로의 완성. 공정에서 나오는 줄기 부분을 모은 차 | 떫은맛이 없고 상쾌한 향과 맛. |
| | 호지차 | 센차와 줄기차 등을 로스팅한 차. | 구수하며 떫은맛은 쓴맛은 없다. |
| | 현미차 | 센차와 번차에 볶은 쌀을 찻잎과 거의 같은 양을 섞은 것 | 구수하고 깔끔하다. |

1. 주방을 둘러싼 카운터테이블은 다다미 바닥
2. 다양한 종류의 찻잎을 판매

부담 없이 말 걸어 주세요

## Special

일본차와 화과자 세트 (1200엔)
9종류의 차 중에서 고를 수 있고, 차에 따라 가격이 다르다. 사진은 센차인데, 얼그레이도 관장. 화과자는 계절에 따라 바뀐다.

일본차와 화과자의 페어링을 즐기는

# カネ十農園 表参道

카네쥬노엔 오모테산도

1888년 창업한 시즈오카(静岡)의 차 농원이 직영하는 티 살롱. '시즈오카 마키노하라(牧ノ原)의 차밭을 통째로 맛본다'라는 컨셉으로 어레인지티와 일본식 디저트의 조화를 통해 차를 새롭게 즐기는 방법을 제안.

**Map P.117-A2** 오모테산도(表参道)
시부야구 진구마에 4-1-22
☎03-6812-9637
🕐11:00~18:00 (L.O, 17:00)
🗓월, 첫째 · 셋째 주 화요일
권장
지하철 오모테산도역 A2 출구에서 도보 6분

인기 1위 치즈 휘핑크림 티(750엔) 센차 라떼에 치즈크림이 듬뿍

**Pick up!**

가을 한정 호지차 몽블랑과 밤 호지차 곁들임 (1850엔)
가을 한정인 화제의 디저트.
밤소 크림치즈 호지차 가루를 섞은 크림으로 호지차 푸딩을 감싸 부드러운 식감으로

---

진디가 깔린 정원과 글램핑을 생각나게 하는 좌석. 푸드트럭도 영업 중.

가든 카페에서 여유로운 차 체험

# JINNAN HOUSE SAKUU 茶空
진난 하우스 SAKUU 사쿠

신발을 벗고 앉는 공간도

숲으로 둘러싸인 정원에서 여유 있게 일본차와 디저트, 건강한 정식을 즐길 수 있다. 텐류차를 '찻주전자 3번 우림'으로 맛과 향기의 변화를 즐긴다. 감칠맛을 추출하는 '얼음찜(水煮)' 4번 우리기도 있다.

**Map P.117-A1** 시부야(渋谷)
🏠시부야구 진난 1-2-5 🏠비공개
🕐11:30~23:00(L.O, 22:00), 토 · 공휴일 8:00~23:00(L.O, 22:00), 일 · 연휴 마지막날 8:00~17:00 (L.O, 16:00) 🗓연중무휴
🚇JR 시부야역 하치코 출구, JR 하라주쿠역 동쪽 출구에서 도보 10분
※현금 불가

차 커뮤니티 미디어 'CHA GOCORO'와 콜라보한 차도 있다.

---

## Special

텐류(天竜) 찻잎 핫코쿠 '찻주전자 3번 우리기' (700엔)
텐류산(産) 찻잎 본래의 맛을 즐기는 메뉴. 처음은 낮은 온도의 물로 찻잎의 감칠맛과 단맛을 추출.

2, 3번째 우릴 때는 뜨거운 물로 추출(직원이 뜨거운 물 제공). 첫 번째와는 맛이 달라져 쓴맛과 떫은 맛이 두드러진다.

첫 번째 우리기

두 번째 우리기

**Pick up!**

농후한 호지차 테린(500엔)
진한 밀크에 수제 호지차 가루의 향기가 더해 진 디저트, 호지차와 함께

---

  '카네쥬노엔 오모테산도'는 호지차 몽블랑 시즌에는 특히 붐빈다. 조기에 예약하는 것이 좋다. (도쿄 · shima)

레몬의 풍미를
살린 MATCHA
젤리 사 이 다
(660엔)

본격 말차의 새로운 감각 체험

# ATELIER MATCHA
아틀리에 맛차

본격 말차를 캐주얼하게 즐기는 'MATCHA 서드웨이브'가 컨셉.
에도(江戸) 초기부터 내려온 노포 '야마사 고야마엔(山政小山
園)'의 찻잎을 사용하여 말차 본래의 맛을 즐길 수 있다.

**Map P.119-C3** 닌교초(人形町)

🏠 추오구 니혼바시 닌교초 1-5-8
☎ 03-3667-7277
🕐 9:00~18:00(L.O, 17:45)
🚫 연중무휴
🚇 지하철 닌교초역 A6 출
구에서 도보 1분

Special

MATCHA
와라비모찌 단팥죽
(748엔)

와라비모찌, 우유, 말차를
섞은 베이스에
휘핑크림과 팥소의
모던한 장식이 더해진
일본식 프라푸치노

탑 크리에이터와 콜라보한
최고의 MATCHA 테린(660엔)
토시 요로이즈카 작(作). 말차의 농후한 맛과 향
기를 직접적으로 느낄 수 있는 촉촉하고 부드러
운 일품 디저트, 아래쪽에는 밤 페이스트를 배치

**Pick up!**

---

호지차 젤리(아래
사진와 아이스크
림 케이크 등이 있
는 호지차 디저트
플레이트(1320엔)

1. 티백과 찻잎을 판매
2. 카운터에 진열된 콜드브루 차
   는 시음도 가능

수제 로스팅한 호지차를
오감으로 맛보는

# 東京和茶房
도쿄 와사보

차밭에서 직접 사들인 고품질 일본차를 캐주얼한 스
타일로 제공. 호지차에 주목하여 점내에서 로스팅
한, 로스팅 정도가 다른 차를 마셔보고 비교할 수 있
다. 차를 사용한 디저트도 인기.

**Map P.120-A1** 고마바(駒場)

🏠 메구로구 고 마 바 4-6-2 YAMA
GATAYA 1층 ☎ 03-6407-0622
🕐 11:00~17:00 (L.O, 16:30),
토·일·공휴일 ~18:00 (L.O, 17:30)
🚫 월 🚇 오다큐선 히가시키타자와역 동
쪽 출구에서 도보 7분

**Pick up!**

호지차시럽(1620엔)
진한 수제 로스팅 호지차를 시간을 들여 추출한
뒤 사탕수수와 섞은 수제 시럽. 집에서 우유나 두
유와 섞으면 호지차 라떼가 완성.

Special

호지차 3종 로스팅
비교 세트(924엔)

3종류로 로스팅한 호지차를 맛볼 수
있다. 연한 로스팅은 상쾌하고 프
레시, 산초를 살짝 뿌리면 매콤하게
맛이 변한다. 중간 로스팅은 부드럽
고, 진한 로스팅은 깊은 맛이 있고
향기로운데, 사탕수수시럽을 넣으면
향이 더욱 진해진다.)

# 일본다운 카페에서 힐링을
## 새로운 감각 일본풍 디저트에 빠지다

팔소와 말차, 흑밀 등 일본 소재를 사용한 디저트에 주목.
노포의 일품 메뉴부터 창작 메뉴까지
헬시하고 맛있는 일본풍 디저트로 한숨 돌린다.

'토라야' 고물을 사용한
진화형 디저트

특제 고물 페이스트

## トラヤ あんスタンド 北青山店
### 토라야 앙스탠드 기타아오야마점

기타아오야마점 한정

1. 시그니처 메뉴인 도라팡. 오른쪽은 비법 팔소를 사용한 팔소 버터(500엔)
2. 일본풍 디저트 플레이트(1600엔), 내용은 계절에 따라 바뀐다.
3. 비법 팔앙금, 술지게미 카스테라, 쿠로혼(黒本) 와라비모찌 등을 아낌없이 담은 일품 디저트(1200엔)

팡빵

1. 으깬 팥을 넣은 빵, 2종류(흑설탕과 메이플시럽)가 있다.(각 972엔)
2. 따뜻한 반죽 사이에 앙금 페이스트를 넣었다.(431엔)
3. 밝은 점포 내부

판매 디저트

왼쪽은 팥과 카카오의 퐁당(3888엔). 오른쪽은 고물케이크 맛은 4종류다. 1개 324엔)

창업 약 500년의 노포 화과자점 '토라야'가 만든다. '고물이 있는 생활'을 콘셉트로 고물을 사용한 다양한 제품을 전개하고 있다.

**Map P.117-A2** 아오야마(青山)
🏠 미나토구 기타아오야마 3-12-16
☎ 03-6450-6720
🕐 11:00~19:00
📅 둘째·넷째 주 수요일, 연말연시
🚇 지하철 오모테산도역 B2 출구에서 도보 3분
🏢 이외 도쿄 내 2개 점포

창업 360년의 역사 과자 노포의 명장

## 大三萬年堂 HANARE 御茶ノ水店
### 다이산만넨도 하나레 오차노미즈점

다이산 파르페(말차)

판매 디저트

왼쪽은 술지게미 치즈케이크(1728엔), 오른쪽은 타마리 간장 등 일본풍 소재를 사용한 일본 스타일 마카롱(1620엔)

인기 No.1

효고현(兵庫県)의 노포 과자점 '다이산만넨도'가 프로듀스. '화양절충(和洋折衷), 온고지신(溫故知新)'을 내세워 전통 화과자에 양과자를 도입한 새로운 일본풍 디저트를 전개하고 있다.

**Map P.119-C3** 오차노미즈(お茶の水)
🏠 치오다구 칸다 아와지초 2-105 외테라스몰 1층
☎ 03-6206-8857
🕐 11:00~19:30 (L.O. 19:00) 📅 연말연시
🚇 JR 오차노미즈역 히지리바시 출구에서 도보 3분
🏠 [시부야 도큐 푸드쇼점] 시부야구 도겐자카 1-12-1 시부야 도큐 푸드쇼(시부야 마크시티) 1층

 '다이산만넨도 HANARE'의 다이산 파르페는 대나무 통에 담겨 있어 안에서 무엇이 나올지 설렌다. 두유크림이 맛있었습니다! (도쿄도 · O)

테이크아웃도 가능

대표
메뉴

천사의 눈물

1

직접 굽는
경단

2

일본스런 분위기
연출

안미츠 발상지
디저트점

## 銀座若松
긴자 와카마츠

1. 테이크아웃용 안미츠도 있다.(600엔)
2. 소나무 문양을 새긴 양갱과 가게가 자랑하는 양금 등을 얹은 원조 안미츠 (950엔)
3. 점내는 안심하고 한숨 돌릴 수 있는 따스함이 있는 공간

주문차도 준비되어 있습니다.

1

신감각 일본풍 디저트에 빠지다

1. 앞쪽은 우엉의 금옥청에 우키시마(浮島, 카스테라 비슷한 화과자)를 합친 고보유메
2. 점주 겸 셰프 추쿠다 사치코 씨
3. 레몬잼과 으깨지 않은 팥을 합친 도라야키 레몬(324엔)

간판
메뉴

도라야키 레몬

3

판매 디저트

으깨지 않은 팥, 잼, 도라야키빵으로 구성된 직접 만드는 미니 도라야키 세트(3240엔)

명물
메뉴

원조 안미츠

2

탱글탱글 비주얼 디저트

## 味甘CLUB
미칸 클럽

1. 식감이 탱글탱글하고 목 넘김이 부드러운 '천사의 눈물'. 해조류로 만들어 칼로리는 거의 제로. 콩가루와 흑밀을 묻혀서 먹는다(차 세트 1100엔)
2. 체험형 간장 소스 경단

고민가 밀집시설 내에 있는 일본풍 카페. 옛날 그대로의 단맛을 어레인지하여 새로운 맛과 스타일을 발신. 고품질 재료를 선별하여 손수 만든 일본풍 디저트는 보는 것도 먹는 것도 즐겁다!

**Map** P.117-A2
오모테산도(表参道)

🏠시부야구 진구마에 4-15-2 우라산도 가든 1층
☎없음
📧SNS 문의
🕐12:00~18:00
📅월
🚇지하철 오모테산도역 A2 출구에서 도보 7분
🔗www.micanclub.com

간팥죽도
추천!

3

창업 1894년의 역사 있는 디저트 가게. 단골손님들의 요청으로 탄생한 안미츠 발상지로도 알려져 있는데 당시와 같은 레시피로 만드는 원조 안미츠를 먹을 수 있다.

**Map** P.121-C4 긴자(銀座)

🏠추오구 긴자 5-8-20 코어빌딩 1층
☎03-3571-0349
🕐11:00~19:30
📅연중무휴(빌딩 휴일에 준함)
🚇지하철 긴자역 A4 출구에서 도보 1분

화과자와 사케의 페어링

만났을 소주히

## 和菓子 薫風
화과자 쿤무

농가에서 직송한 엄선된 식재료를 사용해 사케에 맞는 화과자를 창작. 재료의 조합과 맛의 농도 조절, 술창고를 방문해 선택한 사케로 놀라운 조합을. 식사, 구매도 가능.

**Map** P.122-C2 센다기(千駄木)

🏠분쿄구 센다기 2-24-5 1층
☎03-3824-3131
🕐13:30~20:00, 토·일 ~19:00
📅월·화 정기 휴무, 토·일 비정기 휴무
🚇지하철 센다기역 1번 출구에서 도보 3분

# 바리에이션을 즐기고 싶다! 진화하는 애프터눈 티

취향도 아이디어도 가득한 신작이 쏟아져 나오는 애프터눈 티에 주목! '특별한 자기 선물'부터 '우아한 여성 모임'까지 즐기는 방법도 자유롭게.

※ **예약은 필요?**
예약을 하는 게 원활히 입장할 수 있다. 예약이 필요한 점포가 많다. 창가 지정 등은 예약 시에.

※ **매너는?**
3단 스탠드 디저트의 경우, 밑에서부터 먹고 위로 가는 것이 매너. 하지만 프레젠테이션도 다양하므로 너무 신경 쓰지 않아도 된다.

※ **혼자라도 괜찮은가?**
솔로용 세트로 즐길 수 있다.

## 여기가 special
- 지상 140m에서 도쿄타워를 바로 옆에서 보면서 숲이 가득한 리조트 기분을 만끽.
- 계절마다 바뀌는 티 세트는 사진 찍기 좋고, 호화로운 기분을 느끼게 해 준다.

부주방장 츠치구치 신고(土口真吾) 씨

눈으로도 즐기세요

- 딸기 판나코타
- 라즈베리 초콜릿 무스

3

### 공중정원 같은 로비 바
# 東京エディション虎ノ門 Lobby Bar
도쿄 에디션 도라노몬 로비 바

'공중 정글' 컨셉의 나무가 가득하고 스타일리시한 로비 바. 천장까지 닿는 창문 밖으로 도쿄타워가 눈앞에. 애프터눈 티 세트는 계절감 있고 화려한 색채.

**Map** P.120-A2 도라노몬(虎ノ門)

♠ 미나토구 도라노몬 4-1-1 도쿄 에디션 도라노몬 31층
☎ 03-5422-1600
🕐 7:00~24:00 (L.O. 22:30), 애프터눈 티 12:00~17:00 (L.O. 16:30)
연중무휴 권장
지하철 카미야초역 직결

1. 프라이빗을 중시한 구조. 창가는 특등석
2. '페스티브 셀레브레이션 (Festive Celebration) 애프터눈 티'(2021/12/01 부터 2022/01/06까지 제공, 8300엔), 호화로운 소재를 사용한 세 아비리와 사랑스러운 디저트가 가득
3. 도쿄타워를 볼 수 있다.

1

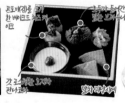

2

식후 말차로 깔끔하게!

## 여기가 special
- 초밥과 샌드위치 디저트가 세트로 되어 있어 런치로도 가능.
- 식전 야채(野菜), 식사 후 호지차, 식후 말차 총 3종류의 차를 맛볼 수 있다.

3

### 일본차 전문점 일본풍 애프터눈 티
# 寿月堂 銀座 歌舞伎座店
주게쓰도 긴자 가부키자점

약 160년의 역사가 있는 마루야마(丸山) 김 가게가 운영하는 일본차 전문점. 차와 김을 사용한 샌드위치나 디저트가 주역인 애프터눈 티로 최고의 차를 만끽.

**Map** P.121-C4 긴자(銀座)

♠ 추오구 긴자 4-12-15 가부키자 타워 5층
☎ 03-6278-7626
🕐 10:00~17:30 (L.O. 17:00), 애프터눈 티 11:30~17:00
연말연시
애프터눈 티는 전날까지 예약 필요
지하철 히가시긴자역 직결

1. 일본 정원을 바라보는 차분한 점포
2. 부드러운 말차를 데미타스 글라스에
3. 구슬 초밥, 샌드위치, 주게쓰도(寿月堂) 말차를 사용한 디저트를 찬합에 담아낸 애프터눈 티 세트(3060엔). 3종류의 차와 말차 소프트크림을 곁들임

'주게쓰도'는 가부키자에 인접한 타워 5층에 있는 은둔처 같은 가게예요.(도쿄도·린)

여기가 special
• 디저트도 세이버리도 식재료를 엄선하여 섬세하고 정성히 만들었다. 맛의 조화가 일품.
• 약 15종류의 찻잎을 자유롭게 원하는 만큼 바꿔 가며 차를 즐길 수 있다.

★ 푸아그라와 커피 풍미의 무화과를 샌드위치한 별 모양 모나카
★ 소고기·버섯이 들어간 크리스마스 트리 모양 키슈
★ 가나슈 타르트 등

진화하는 애프터눈 티

1. 새장 모양 스탠드에 크리스마스 캐릭터풍 세이버리와 디저트를 배치한 '페스티브 애프터눈 티(11/1~12/25에 제공, 8000엔)
2. 제철에 나는 딸기를 듬뿍 사용한 딸기 애프터눈 티의 예
3. 현관에 들어가면 테이블이 좌우로 펼쳐진다.

기품과 우아함으로 가득한 티 타임
## ザ・ペニンシュラ東京
## The Lobby
더 페닌슐라 도쿄 더 로비

딸기, 벚꽃, 망고 등 계절마다 다른 테마로 제공되는 큐트한 티 세트, 새장 모양 스탠드에 담긴 디저트는 먹는 게 아까워질 만큼 아름답다.

Map P.121-B3 유락초(有楽町)
🏠치요다구 유락초 1-8-1 더 페닌슐라 도쿄 1층
☎03-6270-2888(대표)
⏰6:30~22:00, 애프터눈 티 11:30~21:00
㉿연중무휴
㉿권장
🚇지하철 히비야역 A7 출구 근방, 지하철 유락초역 A7 출구 근방

항상 변화하여 새로운 맛이 기다리는
## District-Brasserie, Bar,Lounge
디스트릭트 브랏스리 바 라운지

2020년 일본에 상륙한 럭셔리 호텔 킴튼 신주쿠 도쿄 안에 있다. 모던한 라운지에서 즐기는 애프터눈 티는 독창적이고 모양도 참신. 실내뿐 아니라 테라스석도 있어 기분에 맞게 선택 가능.

Map P.123-C1 신주쿠(新宿)

🏠신주쿠구 니시신주쿠 3-4-7 킴튼 신주쿠 도쿄 2층
☎03-6258-1111
⏰7:00~23:00 (L.O. 22:00), 애프터눈 티 9:00~20:00, 토·일 11:00~23:00(마지막 입장은 매일 17:00)
㉿연중무휴 ㉿예약 필요(전날 오후 4시까지)
🚇지하철 토초마에역 A4 출구에서 도보 8분, JR 신주쿠역 남쪽 출구에서 도보 12분

여기가 special
• 피에르 에르메 파리와 콜라보한 디저트가 포함된다. (월~금요일 세트)
• 에그 베네딕트나 그릴드 치킨 등에서 고를 수 있는 메인 요리를 곁들여 브런치로도 즐길 수 있다.

★ (가운데)딸기를 다양하게 활용한 디저트
★ (왼쪽 위)베리 팬케이크
★ (앞쪽)선택 가능한 메인 요리(왼쪽 아래는 성게와 훈제연어를 사용한 에그 베네딕트)

사진은 월~금에 제공되는 '올데이 애프터눈 티 스트로베리 with 피에르 에르메 파리'(11~12월 한정, 5500엔). 토·일은 '딸기 포춘 애프터눈 티'가 준비된다.(공휴일은 해당 요일에 준함) ※계절에 따라 제공 내용은 변경

이쪽도 Check!!

크리스마스를 테마로 한 애프터눈 티 세트(3900엔)(2021년은 11/1~12/25에 제공. 전날까지 예약 필요). 아시아의 요소와 슈퍼푸드를 결합한, 베리에이션이 풍부하고 모양도 즐거운 세트.

캐주얼하게 즐길 수 있는 [카페] 애프터눈 티
## 虎ノ門ヒルズカフェ
도라노몬 힐즈 카페

크리스마스, 발렌타인데이 등에 기간 한정으로 계절과 이벤트감이 있는 세트를 제공. 주목해야 할 것은 세트에 곁들여지는 스파클링 와인과 허브티, 계절 음료 등 풍부한 종류의 음료가 2시간 무한 리필 서비스.

DATA는 → P.39

더 페닌슐라 도쿄의 부티크 & 카페(→P.90)에서는 이 호텔의 대명사라고도 할 수 있는 망고 푸딩과 오리지널 XO 소스를 살 수 있다.

아사이 소야(앞쪽),
로얄베리2(뒤쪽)
앞쪽은 철분이 풍부한 아사이에 사과,
바나나, 두유를 첨가한 스무디(1210
엔). 뒤쪽은 딸기 · 라즈베리 · 바나나
스무디

## ✎ 아름다움도 건강도 이 한 잔에 맡겨라!

# 🥤 ANNA'S by Landtmann
안나스 바이 란트만

오스트리아 빈의 노포 '카페 란트만'
(→ P.23)이 감수. 과일과 야채를 아낌없
이 사용한 스무디는 맛있을 뿐 아니라
식사 대용이 되는 만족감. 재료
의 농후한 맛이 마음까지 만족
시켜 준다!

**Map P.117-B1** 시부야(渋谷)
♠ 시부야구 시부야 2-24-12 시부야 스크램블 스
퀘어 6층+Q(플라스크) 뷰티 안
☎ 03-6433-5997 ⏰ 10:00~21:00
㉿ 연중무휴 🚇 JR 시부야역 직결, 지하철
시부야역 B6 출구 직결

## ✎ 태운 흑당 라떼
흑당과 우유의 조화가 뛰어남.
상부에 우유 거품을 태워서
바삭한 흑당을 토핑

진한 맛이 있고 농후

## ✎ 주옥같은 타피오카와 치즈티

# 🍵 comma tea
콤마 티

일본에서 탄생한 차 전문
점. 오리지널 로스팅으로
천천히 시간을 들여 추출
한 찻잎은 향이 좋고 부드
러운 맛이며, 흑당의 풍미
를 더한 타피오카는 탱클
탱글한 탄력.

**Map P.118-B1**
이케부쿠로(池袋)
♠ 토요시마구 미나미이케부
쿠로 1-28-2 이케부쿠로
팔코 7층 ☎ 03-5927-8388
⏰ 10:00~20:00
㉿ 연중무휴
🚇 JR 이케부쿠로역 직결

### 치즈티 맛있게 마시는 방법
● 먼저 치즈 거품 부분을 마신다.
　→ 치즈케이크 같다!
● 다음으로 아래의 밀크티를 마신다.
　→ 향기가 짙다!
● 마지막으로 섞어서 마신다.
　→ 풍부한 밀크 느낌.

필요에 따라
종이가방에
넣어준다.

# 비주얼도
# 기분이 업되는

헬시 계열부터 스위트 계열까지
보기도 좋고 맛도 좋은 마음

해머로 크래쉬

꺄~!

1. 수제 치즈티(로얄 밀크티, 669
엔)는 마치 마시는 치즈케이크.
홍차의 고상한 향기와 합
쳐진 풍부한 맛
2. 딸기 라떼. 타피오
카 함유 669엔!

통째로
바나나주스
왼쪽은 연유×딸기,
오른쪽은 초코×초코(각 750엔).
특별 주문도 가능

**Map P.118-C1**
니시와세다(西早稲田)
♠ 신주쿠구 니시와세다
2-11-13 다이와치야마타
캐필딩
☎ 03-5155-3835
⏰ 11:00~19:00
㉿ 비정기 휴무
🚇 지하철 니시와세다역
1번 출구에서 도보 9분

빨대로 빨아들일 수 있
을 만큼 전용 해머로
골고루 두드린다.

## ✎ 두드려 마시는 농축 바나나주스

# 🥤 Banana×Banana
# 西早稲田本店
바나나×바나나 니시와세다 본점

바나나 1개, 우유, 요구르트, 벌꿀이
들어간 바나나주스에 또 바나나를 1개
더 통째로 투입. 해머로 바나나를 두드
리고 마시는 신감각 음료는 엔터테인
먼트 감 가득.

테이크아웃도 OK

 'Banana×Banana'의 두드려 마시는 바나나주스는 배도 차고 스트레스도 해소돼 일석이조! (도쿄도 · A)

THE DREMY FLAVOR과(왼쪽) MILKOLA®(오른쪽)
왼쪽은 유명한 수제 콜라(500엔)
오른쪽은 콜라시럽을 우유와 탄산으로 희석한 밀크콜라

가게에서 손수 만든다.

원액 타입의 '마법의 시럽'을 판매. 탄산수와 우유를 섞은 뒤 레몬 조각을 곁들여 완성.(S사이즈 1200엔)

기분이 업되는 스페셜 드링크

놀라운 맛! 최고의 수제 콜라
## 伊良コーラ渋谷店
이요시 콜라 시부야점

화제의 '수제 콜라'의 발상지 가게. 이요시 콜라는 콜라 열매에 카다멈, 육두구, 시나몬 등 12종류 이상의 향신료와 감귤류를 조합한 상쾌하고 깊은맛. 잔내에서 탄산을 넣어 비닐파우치에 담아 완성.

Map P.117-A2  시부야(渋谷)
🏠시부야구 진구마에 5-29-12  ☎없음
🕐11:00~19:00  休연말연시
🚉지하철 시부야역 B1 출구에서 도보 5
분. 지하철 메이지진구마에(하라주쿠)역 7
번 출구에서 도보 7분
🏠[총본점 시모오치아이] 신주쿠구 타카다
노바바 3-44-2
※현금 불가

몸에도 좋은 콜라입니다

창업자인 콜라 코바야시
(コーラ小林) 씨(천쪽)와
디렉터 후지와라(藤原) 씨

# 테이스트도 빛난다☆ 스페셜 드링크

드링크가 다종다양.
설레는 음료 총집합!

특별 주문하세요!

에스프레소에 죽탄을 더한 블랙 라테(600엔)에 바닐라 아이스크림과 초콜릿시럽을 토핑 (200엔)

로스앤젤레스에서 태어난
유기농 커피점
## Urth Caffé 代官山店
얼스 카페 다이칸야마점

'지구에 친절하게, 사람에 친절하게'를 컨셉으로 엄선한 커피를 제공. 보바(타피오카) 드링크와 레모네이드도 인기가 있으며, 널찍한 점내와 테라스석에서 여유 있게 보낼 수 있다.

Map P.117-C2  다이칸야마(代官山)
🏠시부야구 사루가쿠초 8-9
☎03-5784-3301
🕐9:00~20:00 (L.O. 19:00)
休연중무휴
🚉도큐 도요코선 다이칸야마역 서쪽 출구 또는 북쪽 출구에서 도보 5분

제일 인기

보바(타피오카)가 들어간 얼그레이
밀크티는 너무 달지 않고, 탱탱한 식감과 부드러운 옥 넘김의 타피오카와 매치(693엔)

유기농 원두를 사용한 커피는 농후하고 깊이 있는 맛. 카페라떼로 맛보고 싶다.

시모키타 산책의 벗으로 안성맞춤
## W/O STAND SHIMOKITA
위드아웃 스탠드 시모키타

듬뿍 담은 휘핑을 얹은 마카아토와 계절 한정의 컬러풀한 드링크를 찾는 젊은이들로 북적이는 커피 스탠드. 빈티지 글라스에 먹을 수도 있다.(+50엔)

Map P.116-B2  시모키타자와(下北沢)
🏠세타가야구 키타자와 2-26-10
☎없음
🕐11:30~18:00
休비정기 휴무
🚉케이오선·오다큐선 시모키타자와역 서쪽 출구(북쪽)에서 도보 2분

캐러멜 마카아토, 휘핑크림 토핑
달콤한 휘핑을 얹은 인기 메뉴 (750엔)
컵 디자인의 모델은 래퍼 Nas

얼스 레모네이드
수제 레모네이드(590엔)
절묘한 신맛으로 꿀꺽꿀꺽 마실 수 있다.
계절과 관계없이 인기 메뉴

'Urth Caffe'는 음식 메뉴도 풍부. 추천 요리는 토르티야 보울에 야채를 가득 담은 샐러드와 토스타다.

# 부담 없이 제대로 맛있는

카페의 느슨한 분위기에 둘러싸여 먹을 수 있는

홋코리 차이(600엔)
시나몬과 카더멈에 생강도 들어가 몸이 따뜻해진다.

사과 하나를 통째로 사용한 구운 사과(1000엔)

1. 매장 내 책장에는 스태프가 권하는 서적이 진열되어 있다.
2. 소파석과 테라스 석도 있다.

치킨 & 키마 더블 카레(1300엔)
6~7시간 졸인 토마토와 3시간 졸인 양파를 비롯해 여러 종류의 향신료를 코코넛밀크에 졸인 치킨 카레가 가게의 자랑.

스파이스 향기의 비밀까지
# Spice＆Cafe FamFam
스파이스 & 카페 팜팜

스파이스를 즐겨 보세요

본격적인 스파이스 카레는 한 번 먹으면 중독된다. 가장 인기 있는 치킨 카레 외에 검보풍 돼지고기와 오크라 카레 등 특이한 종류도.

**Map** P.117-B2 다이칸야마(代官山)

♠ 시부야구 다이칸야마초 9-10 SodaCCo 2층
☎ 03-6416-1851 ♩ 11:00~22:00 ⊗연중무휴
▣ 도큐 도요코선 다이칸야마역 북쪽 출구에서 도보 7분

점장
미나가와 타쿠지
(皆川拓治) 씨

---

치즈버거(R)(600엔)
농후한 치즈가 보기에도 맛있다. 천연 효모를 사용한 일본 국산 밀가루로 만든 빵은 바삭 & 쫄깃한 식감.

'안심X안전'이 컨셉인 버거
# 自由が丘バーガー
지유가오카 버거

일본산 소 100%의 육즙이 풍부한 패티, 농가에서 직접 구입한 무농약 야채 등 음식의 안전을 철저히 고려한 햄버거는 몸에 좋고 맛있다.

**Map** P.122-C1 지유가오카(自由が丘)

♠ 메구로구 지유가오카 1-3-15 BIS 빌딩 4층 ☎ 03-6459-5133
♩ 11:00~20:00 (L.O. 19:00)
⊗연중무휴
▣ 도큐 도요코선・오이마차선 지유가오카역 북쪽 출구에서 도보 5분

두툼하구 양파링(980엔)
멜론 만큼 당도가 높은 야와지시(淡路) 이(今井) 농장에서 양파를 사용.

점장
카네코 아키요
(金子暁代) 씨

1. 야외가 기분 좋다.
향신료, 감귤, 산초 열매 등을 끓여 만든 수제 콜라(580엔)

✉ 텔레비전에 소개된 적도 있는 '지유가오카 버거'의 양파링은 정말 달고 맛있어요. 꼭 먹어 보시길! (치바현 · S.S)

# 갈 수 있고
# 카페 밥

정성이 깃든 맛있는 요리를
감춰둔 4점포 소개.

일본풍 참치
오므라이스(1000엔)

간장 풍미의 참치밥과 케첩 소스가 의
외로 매치, 계란은 스푼을 넣으면 부드
럽게 녹아내리는 딱 좋은 단단함.

Map P.120−B1

1. 엔틱 가구로 통일된 멋진 내부
2. 소금캐러멜 몽블랑 타르트(850엔).
   타르트는 달마다 바뀐다.

사진 찍기 좋은 오므라이스와 케이크

## torse 토르스

> 오므라이스를
> 추천

역에서 조금 떨어진 위치에 있지만 손님이 끊이지 않는 인기
가게. 편안한 공간에서 그림처럼 아름다운 오므라이스와 수
제 케이크를 꼭 맛보시길.

Map P.120−B1    유텐지(祐天寺)

🏠세타가야구 시모우마 5-35-5 2층 ☎03-6453-2418
🕐12:00~20:00 (L.O. 19:00)  🈺비정기 휴무
🚇도큐 도요코선 유텐지역 서쪽 출구2에서 도보 10분

점장
야마우치 리오(山内
理央) 씨

나가사키(長崎) 정식
마츠우라항(松浦港)의
전갱이 튀김(1680엔)

두툼한 육질에 육
즙이 풍부한 전갱
이 튀김이 일품.
1년 내내 먹을 수
있는 인기 메뉴.

1. 커다란 창에서는 시부야 거리를 내려다
   볼 수 있다.
2. 차와 커피, 잡화 등도 판매
3. 디저트로 추천하는 다즐링 아포가토
   (820엔)

가게에서 보는 경치도 맛있다!

## d47食堂 디47 식당

> 반찬들도
> 자랑하는 맛입니다!

지역에 뿌리내린 먹는 방식과 식재료
를 도입하여 47개 도도부현(都道府
県)의 식문화를 소개. 계절마다 메뉴
가 바뀌기 때문에 방문할 때마다 새로
운 발견을 할 수 있다.

스태프
미야기 스기노
(宮城杉乃) 씨

Map P.117−B2    시부야(渋谷)

🏠시부야구 시부야 2-21-1 시부야 히카리에 8층
☎03-6427-2303  🕐11:30~20:00 (L.O. 19:30)
🈺수  🚇JR 시부야역 직결

싱글오리진 원두

유명 점의 빵과
최상의 커피를 즐긴다

## 二足歩行coffee roasters
이족보행 커피 로스터스

일본산 밀가루, 계약 농가의 신선한 식재료, 수작업을 고집하는 '쥬니분 베이커리'에 병설된 카페. 유기농·내추럴 원두를 수제 로스팅한 커피는 종류도 풍부.

**Map** P.116-B2 산겐자야(三軒茶屋)

🏠세타가야구 산겐자야 1-30-9 산겐자야 터미널빌딩 2층 ☎03-6450-9737 ⏰9:00~19:00 (L.O./요리 18:00, 음료 18:30)
🈺비정기 휴무
🚇도큐 덴엔토시선 산겐자야역 남쪽 출구B에서 도보 5분
※1층 베이커리 상품을 카페에서 먹을 수 있음. 상품은 시기에 따라 변동.

달콤새콤함과
향기로운
버터향

에스프레소 & 밀크의 '매직'

추천 '매직'은 밀크의 거품을 적게 한 라떼(770엔). 진한 에스프레소에 우유의 단맛이 절묘.

1. 보석 같은 과일 타르트
2. 추천하는 쇼콜라 프랑스(앞쪽)와 크로칸 카시스(뒤 왼쪽), 각 314엔. 뒤 오른쪽은 수제 참치 샌드위치
3. 2층의 카페
4. 1층은 베이커리 & 꽃집

구워지는 것은
11시 무렵입니다

간판 상품인 풍선빵

"맛있는 구멍"이에요

제대로 촉촉하고 쫄깃, 버터가 부드럽게 넘쳐흐른다.

일품 빵이
기다리는

# 베이커리 카페에서 더없이 행복한 시간을

갓 구운 빵을 맛볼 수 있고, 빵에 맞는 엄선된 음료가 준비되어 있는 베이커리 카페는 최고의 빵을 즐길 수 있는 장소. '진짜' 빵에 마음이 설렌다!

빵과 마시는 것이 즐겁다!
유일무이한 가게

사람에게 다가
가는
점포입니다.

와인과의
조화

수제 효모를 사용해요.

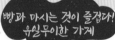

점주 타카하시(高橋) 부부

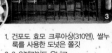

## コンビニエンスストア髙橋
컨비니언스 스토어 타카하시

'품위 있는 편의점 같은 점포를 목표로 한다'는 생각으로 명명된 베이커리 카페. 가능한 한 기계를 사용하지 않고 손으로 직접 만든 빵의 좋은 향기가 떠도는 매장 안에서 빵과 요리와 와인 세트를 즐기고 싶다.

1. 건포도 효모 크루아상(310엔), 쌀누룩을 사용한 도넛은 쫄깃
2. 3. 인테리어도 유니크
4. 감칠맛 가득한 깜파뉴와 팔라펠, 홈무스로 구성된 델리 플레이트에 와인 곁들임(1500엔)

**Map** P.116-B1 가스가초(春日町)

🏠네리마구 가스가초 3-4-4
☎03-5848-9127
⏰10:00~18:00
🈺화·수·목, 비정기 휴무
🚇지하철 네리마가스가초역 A1 출구에서 도보 10분

'컨비니언스 스토어 타카하시'는 식빵도 추천. 쌀누룩을 사용하여 손 반죽으로 만든다고 하는데, 정말 특별해요. (도쿄도·J)

밀의 풍미가 풍부한 하드 토스트 ☆

고구마가 듬뿍 들어간 타르트

1. 캐슈넛과 검은 후추
2. 하드 브레드부터 디저트까지 풍부
3. 안에서 먹는 것은 빵을 선택할 수 있는 샌드위치를 추천
4. 앞쪽은 캐러멜 바나나 브리오슈(왼쪽)와 과일 브리오슈(오른쪽)(각 334엔)

맷돌 발견!

장인의 기술로 만든 하드 브레드의 풍부한 라인업

Map P.116-B2
에코다(江古田)

## パーラー江古田
팔러 에코다

주택가 골목에 위치한 고민가풍 베이커리 카페. 밀을 직접 맷돌에 갈아 밀가루를 만들고, 수제 효모로 발효시켜 만든 개성적인 빵이 깊은맛을 낸다.

☆ 네리마구 사카에초 41-7
☎ 03-6324-7127
⏱ 8:30~18:00 ㈭화
🚇 세이부이케부쿠로선 에코다역 북쪽 출구에서 도보 6분

복고풍에 발랄하고 사랑스러운 점포

큐트한 인기 상품 ☆

# The Little BAKERY Tokyo
더 리틀 베이커리 도쿄

아메리칸 느낌의 밝은 매장에는 갓 구워낸 빵이 가득. 오믈렛과 토스트 등 런치 세트부터 도넛과 구움과자까지 즐길 수 있다.

Map P.117-A2 하라주쿠(原宿)

☆ 시부야구 진구마에 6-13-6
☎ 03-6450-5707
⏱ 10:00~19:00
㈭ 연중무휴
🚇 지하철 메이지진구마에(하라주쿠)역 7번 출구에서 도보 3분

1. 뿌리 깊은 인기인 딸기 버터 브레드(572엔)(앞쪽)와 수제 레모네이드
2. 계절 매장인 'GOOD TOWN DOUGHNUTS'은 비건 도넛도 있다.(400엔~)
3. 20~30종류의 빵이 진열되어 있다.
4. 카페는 프렌치 아메리칸 인테리어
5. 테이크아웃용 샌드위치

EAT IN

두껍게 썬 햄의 볼륨감!

충동되는 식빵

'펠리컨'의 유명 식빵을 줄 서지 않고 맛볼 수 있다

## ペリカンカフェ
펠리컨 카페

식빵으로 이름난 유명점 '빵의 펠리컨'이 오픈한 카페. 메뉴는 숯불구이 토스트 등 펠리컨 빵의 매력을 충분히 살렸다.

1. 심플하고 맛있는 식빵(1통 430엔~)
2. 숯불로 바삭하고 향긋하게 구워 완성한 햄까스 샌드위치(750엔)
3. 오리지널 블렌드 커피(470엔)
4. 혼자서도 들어가기 쉽다.
5. 앞쪽은 계절의 과일 4~5종류를 넣은 과일 샌드위치(920엔)

조식 메뉴도 있어요.

Map P.123-C2 다와라마치(田原町)

☆ 다이토구 코토부키 3-9-11
☎ 03-6231-7636
⏱ 9:00~17:00
㈭일·공휴일, 특별 휴무 (여름·연말연시)
🚇 지하철 다와라마치역 2번 출구, 지하철 구라마에역 A5 출구에서 도보 5분
☆ 빵의 펠리컨 다이토구 코토부키 4-7-4

메이커리 카페에서 더없이 행복한 시간을

'パンのペリカン'(빵의 펠리컨)은 1942년 창업, 식빵과 롤빵 2종류만 판매한다. 질리지 않는 빵은 언제나 줄을 서야 할 정도의 인기.

팬케이크로 유명한 비건 요리 전문점

# AIN SOPH. Journey 新宿三丁目店

아인 소프 저니 신주쿠산초메점

'이것도 비건?' 이라는 놀라움에 가득찬 요리와 디저트 종류들. 대표 디저트인 팬케이크 외에 베지미트 튀김과 베지토르티야 롤 등 참신한 요리도 시도해 보고 싶다.

**천상의 비건 팬케이크**

맛은 물론 보기만 해도 설레는 팬케이크(1710엔). 식물성 치즈의 향기와 부드럽고 촉촉한 식감. 수제 아이스크림 & 계절 과일과 함께.

오리지널 허브티도 추천. 사진은 감귤류인 샴스 (880엔)

**Map** P.123-C1 신주쿠(新宿)

🏠 신 주 쿠 구 신 주 쿠 3-8-9 신주쿠Q빌딩 B1층, 1층, 2층
☎ 050-3503-8688
🕐 11:30~16:00(L.O. 15:30), 18:00~22:00 (L.O. 21:00), 토·일·공휴일 11:30~17:00 (L.O. 16:00), 18:00~22:00(L.O. 21:00)
🗓 비정기 휴무
🚇 지하철 신주쿠산초메역 C3 출구 근방, JR 신주쿠역 동쪽 출구에서 도보 8분

**헬시 POINT**

우유 성분 대신 콩을 원료로 한 베지치즈를 사용. 생크림도 아이스크림도 콩이 원료. 글루텐프리 파스타, 오훈(五葷) 제외 메뉴도.

**● Keyword ●**

**비건**
고기, 생선 유제품, 계란 등 동물성 식품을 일절 먹지 않는 것 또는 그런 사람.

**오훈(五葷) 제외**
향이 강하고 정력이 솟는다고 하는 부추, 마늘, 염교, 달래(양파), 파를 사용하지 않는 것.

**글루텐프리**
밀에 함유된 글루텐을 섭취하지 않는 식사와 식품. 체질과 피부 개선 효과를 기대할 수 있다고 한다.

# 보기에도 맛있는 몸이 기뻐하는 헬시 카페로

건강하면서 맛있고, 영양도 만점인 푸드와 디저트. 몸도 케어해 주고 맛도 만족시켜 주는 다양한 가게들을 체크리스트에 넣어 두자.

몸 상태에 따라 골라 마시는 5종 카쿠라차

다섯 종류의 찻잎에 각각 허브를 블렌드한 특별한 차 (1포트 770엔)

레몬을 넣으면 보라색으로

먹으면 건강해지는 약선 카페

# 香食楽 카쿠라

국제약선사의 지혜를 활용해 생약과 향신료·허브를 독자적으로 조합한 맛있고 몸에도 좋은 카레는 4종류가 있다. 각각에 사용된 생약과 향신료의 효능 설명도 확인한 뒤 고르자.

파란색 차는 레몬을 짜 넣으면 붉은보라색으로 바뀐다.

**Map** P.117-C1 나카메구로(中目黒)

🏠 메구로구 카미메구로 2-42-13 ☎ 03-6303-0236
🕐 12:00~15:00, 18:00~21:00, 토·일·공휴일 12:00~21:00, 월 12:00~15:00
🗓 화·수 정기 휴무, 월 비정기 휴무 ㉖ 디너는 예약 필요
🚇 도큐 도요코선·지하철 나카메구로역 동쪽 출구에서 도보 6분

**헬시 POINT**

중국 약선의 지혜를 바탕으로 향신료와 허브, 생약을 조합. 카레는 당귀잎을 충분히 사용하여 혈행을 좋게 하는 효과가 있다.

**카쿠라 카레, 야채 튀김 곁들임**

소화기관과 피부에 좋은 카레(1210엔~). 농후하고 스파이시한 맛이 멈출 수 없게 한다. 밥은 잡곡과 자흑미, 자스민 등을 섞은 약밥으로 바꿀 수 있다.

74 ▼ '카쿠라'의 카레는 심오해서 몇 번을 먹어도 질리지 않습니다. 비건 케이크와 대추 젤라또도 있어요. (가나가와현·Hiyo)

## 크루아상 & 계절 야채 그라탕빵

크루아상은 콩을 원료로 한 유지에 견과류가 숨은 맛을 낸다.(350엔) 수제 베샤멜 소스가 맛을 내는 그라탕빵(520엔).

오전에 종류가 풍부

'카페 파손'의 유니버설 블렌드 원두를 판매.

### 헬시 POINT
일본산 밀을 비롯한 엄선된 재료와 식물성 유지 사용. 다채로운 빵을 계속 창작하고 있으며 계절에 따른 신제품 빵이 속속 등장.

**멜론빵**
코코넛향이 나는 쿠키 생지 안쪽이 촉촉하고 폭 신폭신 (330엔)

**타르타르 고로케 샌드**
감자 고로케에 계란을 사용하지 않은 타르타르소스를 얹은 샌드위치(620엔)

## UNIVERSAL BAKES AND CAFE
### 유니버설 베이크스 앤드 카페

비건 브레드 전문 베이커리

얘기를 듣지 않으면 비건이라고 할 수 없는 다양한 빵이 항상 30종류 이상. 일본산 밀과 식재료를 엄선해 만든 시나몬롤과 멜론빵 등 달콤한 빵들을 담백하고 가볍게 먹을 수 있다.

**Map P.116-B2**
다이타(代田)
세타가야구 다이타
5-9-15 ☎03-6335-4972
🕐8:30~18:00
🗓월 · 화
🚇오다큐선 세타가야다이타역에서 도보 1분

엄선된 상품에도 주목

왼쪽은 '밭에서 채취한 피넛 페이스트', 오른쪽은 스페인 카나리아 제도의 미네랄 풍부한 플레이크 소금.

---

일식 정식으로 마음도 몸도 릴랙스

## BROWN RICE
### 브라운 라이스

현미와 야채, 두부를 중심으로 한 비건 일식당. 제철 및 유기농 식재료를 소중히 하여 된장과 조미료까지 손수 만드는 고집 있는 일식 정식은 영양 만점. 몸 안쪽에서부터 아름답게 해 준다.

**두부 계란케이크**
두부와 레몬을 합친 레어치즈풍 케이크 (750엔)

몸이 기뻐하는 헬시 카페로

**Map P.117-A2**
오모테산도(表参道)
🏠시부야구 진구마에 5-1-8 1층
☎03-5778-5416
🕐11:30~18:00 (L.O./식사 17:00, 음료 17:30)
🗓연말연시
🚇지하철 오모테산도역 A1 출구에서 도보 1분

### 헬시 POINT
현미와 야채, 콩을 메인으로 한 비건 일식. 계약 농가로부터 직접 가져온 제철 식재료를 사용. 디저트는 글루텐프리.

국 3찬

두부요리를 주반찬으로 하고 야채와 해조류를 이용한 반반찬 2개, 그리고 부드럽게 지어진 현미와 된장국으로 이루어진 정식. 구성은 매주 바뀐다.(1700엔~)

---

vegan 소프트크림
두유와 감주를 베이스로 부드러운 단맛과 깊은맛이 있다. 토핑인 라즈베리소스도 수제(550엔~)

3개 사이즈가 있습니다

팔라펠 샌드
수제 병아리콩 고로케에 잎새버섯, 적양배추, 당근, 토마토 등을 아낌없이 넣은 샌드위치(650엔~)

---

100% 비건 팔라펠 샌드

## Ballon 발롱

비건인 사람은 물론, 그렇지 않은 사람도 즐길 수 있도록 요리를 연구. 각각에 맞는 서로 다른 방법으로 조리된 야채 7종류가 깊은맛과 만족감을 준다.

**Map P.117-C1**
나카메구로(中目黒)
🏠메구로구 나카메구로 3-2-19 라미알 나카메구로 104
☎03-3712-0087
🕐12:00~17:00
🗓연중무휴
🚇도큐 도요코선 · 지하철 나카메구로역 동쪽 출구에서 도보 4분

### 헬시 POINT
유기농 야채가 듬뿍. 소프트크림은 두유 베이스, 감주는 자연스런 단맛이 나서 아이도 안심하고 먹을 수 있다.

'BROWN RICE'는 운영 모체인 오가닉코스메 의 '닐스야드 레머디스' 숍에 병설되어 있다.

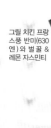

그릴 치킨 프랑스풍 반미(630엔)와 벌꿀 & 레몬 자스민티

디저트류도 있습니다

그림처럼 맛있는 샌드위치!

# 二階の サンドイッチ

2층의 샌드위치

in 도쿄도 현대미술관

1. 요리류인 샌드위치는 구입하면 데워준다. 종류는 전시 기간에 따라 바뀐다.
2. 날씨 좋은 날, 야외 테라스석에서 기분 좋게
3. 내부는 원형, 주방을 둘러싸는 듯한 모양으로 여유 있게 좌석을 배치

### 즐기는 tips

☑ 맛있는 샌드위치가 가득.
☑ 전람회 콜라보 메뉴를 맛본다.
☑ 테라스에서 인스타용 사진을 찍을 수 있다!

컵의 씰에 주목!

샌드위치 내용물을 이미지한 5종류의 씰. '햄? 이건 토마토, 저건 양상추?'라며 상상해 보자. 브로치 형태로 판매하기도.

평일 오전 중은 비어 있습니다

빵을 그림 액자처럼 활용해 안에 셰프가 고안한 요리를 넣어 완성. 그림 같은 샌드위치를 즐긴다. 카운터 앞에는 엄선된 샌드위치 약 10종류가 늘어서 있다.

**Map P.123-B2** 기요스미시라카와(清澄白河)
🏠 고토구 미요시 4-1-1 도쿄도 현대미술관 안
☎ 03-6458-5708
🕐 10:00~18:00 (L.O. 17:30)
📅 월, 연말연시, 전시 준비 기간 (미술관 휴관일에 준함)
🚇 지하철 기요스미시라카와역 B2 출구에서 도보 9분

### 전시회 콜라보 메뉴

전시 테마에 맞춘 디저트와 음료 세트(1450엔)를 추천
1. 안노 히데아키(庵野秀明) 전시회와 콜라보한 「신 고질라」를 모티프로 한 디저트
2. 빈 전시회의 패션프루츠 무스

입관 티켓 불필요

셀프서비스 입니다.

# 가 볼 만한 가치가 뮤지엄

아트와 전시품의 여운에 멋지고 개성적인 카페를 '설레임'이 기다리는 뮤지엄

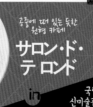

공중에 떠 있는 듯한 원형 카페

# サロン・ド・テ ロンド

in 국립 신미술관

전면 유리창에서 자연광이 쏟아지는 개방감 가득한 카페. 예술 작품 감상 후의 여운을 깨뜨리지 않고 차와 가벼운 식사를 즐길 수 있는 배려가 도처에 이루어져 있다.

**Map P.120-A2** 롯폰기(六本木)
🏠 미나토구 롯폰기 7-22-2 국립신미술관 2층
☎ 03-5770-8162
🕐 11:00~18:00 (L.O. 17:30), 금 ~19:00 (L.O. 18:30)
📅 화 (공휴일인 경우 영업, 다음 평일 휴무)
🚇 지하철 노기자카역 6번 출구 직결, 롯폰기역 7번 출구 또는 4a 출구에서 도보 5분

### 즐기는 tips

☑ 미술관을 바라보며 감상과 여운에 푹 빠진다.
☑ 전시회와의 콜라보 메뉴 추천
☑ 휴식이나 만남, 데이트 등 폭넓게 이용할 수 있다.

거대한 역원추 상부에 있어 비일상적 분위기를 즐길 수 있다.

샌드위치(커피 또는 홍차 곁들임)(1450엔)

 '2층의 샌드위치'의 샌드위치는 테이크아웃도 가능하니 가까운 키바(木場)공원에서 먹는 것도 추천. (도쿄도·미쿠)

소세키가 좋아했던 '쿠야(空也) 오나카'

소세키(漱石)와 관련된 엄선된 메뉴

# CAFE SOSEKI
## 카페소세키

in 소세키 산방기념관

일본 문학의 거장 나쓰메 소세키(夏目漱石)가 만년을 보냈던 집터에 건축된 기념관. 그 안의 카페 메뉴는 소세키가 좋아했던 음식들이나 작품에 등장하는 화과자 등 스토리를 가지고 있다. 여유롭게 차를 즐길 수 있는 스팟.

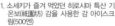

**Map P.118-C2** 와세다(早稲田)
♠신주쿠구 와세다미나미초 7 소세키산보기념관 1층 ☎03-3205-0209
🕙10:00~17:30 (L.O. 17:00)
🈺월·화·수
(공휴일인 경우 영업)
🚇지하철 와세다역 1번 출구에서 도보 10분

1. 소세키가 즐겨 먹었던 히로시마 특산 기온보(祇園坊) 감을 사용한 감 아이스크림(500엔)
2. 세토우치(瀬戸内) 레몬과 와산본(和三盆) 설탕을 이용한 레몬사이다·레모네이드(550엔/기간 한정)
3. 오리지널 블렌드 커피 원두, 가루, 드립백도 판매
4. 혼자서도 부담 없이 갈 수 있다.

### 즐기는 tips
- ☑ 매장 안에서 소세키의 작품과 관련 서적을 읽을 수 있다.
- ☑ 소세키의 생애와 인물상을 소개한 1층 전시 코너 견학(무료).
- ☑ 산책의 휴게 스팟으로 안성맞춤.

검은고양이 마스코트가 맞이해 준다.

카페의 책장에는 소세키의 작품들과 소세키가 문하생에게 권장했던 도서들이 늘어서 있다.

매력적인 뮤지엄 카페 3곳

# 있는 매력적인 카페 4곳

빠지는 것도 좋고,
즐기러 가는 것도 좋다.
카페에 가 보는 건 어떨까?

종을 울리세요~

주문이 정해지면 테이블의 종을 딸랑

지하 비밀기지 같은 카페

# 온·
# 산데즈
## 온 산데즈

in 와타리움 미술관

국제적인 현대 아트를 독자적 시점에서 소개하는 사설 미술관. 숍과 갤러리가 일체화된 신비로운 공간에 카페 스페이스가 있다. 메뉴는 커피·홍차 음료류.

**Map P.117-A2** 진구마에(神宮前)
♠시부야구 진구마에 3-7-6 와타리움 미술관 안
☎03-3470-1424
🕙11:00~20:00 🈺연중무휴
🚇지하철 가이엔마에역 3번 출구에서 도보 7분

프렌치 프레스로 추출하는 마루야마(丸山) 커피(500엔)

카페 스페이스는 지하에 있는데, 기획전에 따라 좌석수가 바뀐다. (최대 5테이블 정도)

### 즐기는 tips
- ☑ 예술 작품에 둘러싸여 커피 브레이크.
- ☑ 희귀한 서적과 굿즈를 구입할 수 있다.
- ☑ 잡화 매니아도 주목할 만한 아트 잡화를 둘러본다.

1층의 충도 체크!

1. 헝겊을 연결하여 만든 다이어리(각 2800엔)
2. 오리지널 상품과 아티스트의 굿즈가 진열된 1층 숍은 볼 만하다.
3. 기획전 작품들의 카드(각 165엔)

---

'CAFE SOSEKI'의 검은고양이 로고는 나쓰메 소세키가 기르던 고양이가 모델이라고 한다. 이 고양이를 모티프로 한 상품도 매장에서 판매(→P.87).

*Botanic Cafe makes us feel calm*

# 녹색 공간으로 힐링 되는 보타닉 카페

숲에 둘러싸여 맛있는 디저트와 함께 여유롭고 행복한 시간을.
도쿄에도 이렇게 릴랙스할 수 있는 오아시스가 있습니다.

참배 후
오세요!

점장
곤도(近藤) 씨

신성한 숲에 둘러싸여 심호흡

## CAFÉ 杜のテラス

카페 모리노 테라스

천연목의 부드러운 향기와 상쾌한
공기로 가득찬 카페는 메이지신궁
제1 기동문 앞에 있어 참배 후에
들르기 좋다. 대표 메뉴는 메이지
산다(山茶) 라떼, 메이지(明治) 시대
(1868년~1912년)의 제법으로 정성
을 담아 만든 호지차의 향기와 부
드러운 우유의 균형이 절묘.

**Map** P.117-A1 하라주쿠(原宿)

🏠 시부야구 요요기카미조노초 1-1
☎ 03-3379-9222
🕘 9:00~메이지신궁 폐문 시간에 준함
(L.O. 폐문 30분 전)
⊖ 메이지신궁 휴일에 준함
🚃 JR 하라주쿠역 서쪽 출구 근방

1. 메이지신궁의 숲을 배경으로 하고 있다.
2. 왼쪽은 쇼트케이크(500엔), 오른쪽은
   메이지 산다 라떼(Ice−550엔, Hot−500
   엔). 산다 라떼에는 희소가치가 높은 메
   이지의 산다(→P.88)를 사용
3. 메이지신궁의 제1기동문이 바로 옆에
4. 일본산 재료와 메이지신궁의 고손목(枯
   損木)을 사용한 개방적인 공간

✉ 'CAFÉ 모리노 테라스'는 하라주쿠역에서 가까운 위치임에도 매우 조용하고 편안한 공간, 음이온이 가득합니다. (도쿄도 · A)

녹색 공간에 힐링 되는 보타닉 카페

레트로 모던 공간에서 우아한 티타임

# ウエスト青山ガーデン
웨스트 아오야마 가든

1947년 긴자에 오픈한 노포 찻집의 플래그십 카페. 명물인 팬케이크는 직경 18cm, 두께 2cm의 빅사이즈. 갓 구워낸 따끈한 팬케이크에 버터를 듬뿍 발라 드세요.

**Map** P.120-A2 아오야마(青山)

🏠미나토구 아오야마 1-22-10
☎03-3403-1818 🕐11:00~20:00
연중무휴 지하철 노기자카역 5번
출구에서 도보 3분

1. 케이크는 20종류 정도 있으며, 300엔 추가 시 음료 세트로
2. 기품 있는 실내 라운지
3. 팬케이크에는 음료를 곁들여(1650엔)
4. 아오야마 가든 한정 퐁당 쇼콜라(1045엔)
5, 6. 날씨 좋은 날은 가든 테라스를 추천

Take your time

나 홀로 카페에 안성맞춤

# CONNEL COFFEE by bondolfi boncaffe
코넬 커피 바이 본돌피
본카페

**Map** P.120-A2
아카사카(赤坂)

전면 유리창 밖은 공원의 나무들이. 외벽의 거울 효과는 숲에 둘러싸인 듯한 느낌을. 이탈리아 원두를 사용해 한 잔씩 드립한 커피의 향이 기분 좋다.

🏠미나토구 아카사카
7-2-21 소게스회관 2층
☎03-6434-0192
🕐10:00~18:00
토·일 지하철 아
오야마잇초메역 4번 출
구에서 도보 7분

1. 내부는 단정하고 아름다운 디자인
2. 인기 있는 치즈케이크(480엔)와 드립 커피(500엔)
3. 손잡이 부분의 디자인이 서로 다른 머그컵 구입 가능

'코넬 커피'는 사토 오키(佐藤オオキ) 씨가 이끄는 디자인 오피스 'nendo'가 운영하고 있으며, 그들이 기획한 상품과 책도 판매.

*Cute treehouse*

# レ·グラン·ザルブル

레 그랑 자르부르

꽃집·카페·트리하우스가 합체한 점포. 작은 로그하우스가 마련된 거목 앞에 서면 설렘이 멈추지 않는다. 매장 안은 꽃과 식물이 가득. 건강한 메뉴와 디저트를 즐길 수 있으며 맑은 날에는 옥상 테라스에서 릴랙스.

**Map** P.120-B2　히로오(広尾)

🏠 미나토구 아자부 5-15-11 3층, 옥상
☎03-5791-1212　🕐11:00~19:00 (L.O. 18:00)
🈺연말연시　🚇지하철 히로오역 1번 출구에서 도보 2분

1. 옥상의 테라스석 추천
2. 후박나무에 설치된 트리하우스는 절호의 사진 스팟
3. 나무를 다양하게 사용한 내추럴한 점내
4. 계단을 올라가 트리하우스 안에 들어갈 수 있다.(정원 2명)
5. 야채를 듬뿍 먹을 수 있는 '오마카세 헬시 델리 플레이트(빵, 수프 곁들임)(1350엔)
6. 산딸기의 루이보스티(620엔)

🔻 리하우스의 사다리는 경사가 가팔라·약간 모험 기분을 맛볼 수 있다. 안에는 작은 테이블과 의자가 있다. (치바현·R.E)

Feel so good!

녹색 공간에 힐링 되는 보타닉 카페

런치가 인기입니다

### 개방감 넘치는 타이 요리 카페
# ペパカフェ フォレスト
페파카페 포레스트

느슨한 공기가 편안한 이노카시라(井の頭)공원 안에 있는 카페에서 태국 상공부가 인정한 정통 태국 요리와 술을 맛볼 수 있다. 오후 3시까지는 저렴한 런치 플레이트를 제공.

**Map** P.122-B1 기치조지(吉祥寺)

🏠 미타카시 이노카시라 4-1-5
☎ 0422-42-7081
🕐 11:00~21:00 (L.O. 20:00) 휴 연중무휴
🚉 JR 기치조지역 남쪽(공원) 출구에서 도보 8분

징원 하사바(挾場) 씨

1. 개방된 매장. 안쪽에는 소파석도 있다.
2. 카놈머캥(타로 고구마와 코코넛의 구운 푸딩/528엔)
3. 간 닭고기와 타이바질을 볶은 런치 플레이트는 음료가 곁들여진다.(1320엔)

### 자연과 이어지는 커피 타임
# STARBUCKS COFFEE
# 新宿御苑店
스타벅스 커피 신주쿠교엔점

약 1만 그루의 나무가 있는, 숲이 울창한 신주쿠교엔 안에 2020년 오픈. 봄에는 벚꽃, 가을은 낙엽 등 사시사철 표정을 바꾸는 자연을 즐기며 맛있는 커피를 즐기는 것은 최고의 사치!

**Map** P.123-C1 신주쿠(新宿)

🏠 신주쿠구 나이토마치 11 ☎ 03-6384-2185
🕐 9:00~18:00 (L.O. 17:30)
※ 신주쿠교엔 오픈 시간에 준함
휴 월 료 신주쿠교엔 입장료 500엔
🚉 JR 센다가야역에서 도보 9분

1. 카운터와 천장 등에 일본산 목재를 사용한 내부는 나무의 온기와 든든함을 느낄 수 있다.
2. 봄에는 매장 안에서 만개한 벚꽃을 즐길 수 있다.
3. 단절 없이 외부와 연결된 점포 위치가 최고의 매력

'STARBUCKS COFFEE 신주쿠교엔점'에 가기 위해서는 신주쿠교엔 입장료가 필요. 신주쿠교엔에는 연간 패스포트도 있다.

스타벅스 좋아하는 사람 모여라!

# 스타벅스 추천 점포 & 도쿄 한정 굿즈

조금 특별한 체험형 점포와 도쿄에서만 살 수 있는 굿즈를 소개.

1. HANA·BIYORI에서는 1일 여러 차례 꽃과 디지털 아트쇼를 개최
2. 도처에 촬영 스팟이 있다.
3. 일본 최초로 STAR BUCKS의 사이니지를 진짜 식물로 표현한 가게

식물에 둘러싸여 기념 촬영!

여유로운 시간을 보낼 수 있는 보타니컬 카페

## STARBUCKS COFFEE よみヲリランド HANA·BIYORI店
스타벅스 커피 요미우리랜드 HANA·BIYORI점

사계절의 꽃을 1년 내내 즐길 수 있는 신감각 플라워 파크 HANA·BIYORI 안에 탄생한 카페. 꽃과 식물에 둘러싸인 공간에서 스타벅스의 커피와 함께 비일상적 기분을 맛보자.

**Map** P.116-B1  아나기(稲城)

🏠 이나기시 야노쿠치 4015-1 요미우리랜드 인접 HANA·BIYORI
☎044-455-6352 ⏰9:30~17:00
㊡HANA·BIYORI 휴일에 준함
㊞HANA·BIYORI 입장료 어른(중학생 이상) 1200엔
🚃케이오사가미하라선 케이오 요미우리랜드역에서 HANA·BIYORI 무료 셔틀버스로 약 5분

원두에서 한 잔의 커피가 될 때까지의 과정을 견학할 수 있다.

나이트로 밀크티 (990엔)

스타벅스의 티 브랜드

### TEAVANA™
2층 티바나™에서는 '지금까지 없던 TEA 체험'을 테마로 신감각의 티를 제공.

스타벅스의 세계를 마음껏 즐기는

## STARBUCKS RESERVE® ROASTERY TOKYO
스타벅스 리저브® 로스터리 도쿄

세계 단 6곳, 일본에는 하나뿐인 리저브® 로스터리(나카메구로)에서는 커피는 물론 칵테일 등 폭넓은 셀렉션을 자랑. 이곳에서만 판매하는 메뉴와 굿즈도 다수.

DATA는 → P.99

Item

**Jimoto made Series**
스타벅스 아이스 커피 글라스

에도(江戸) 유리세공 장인의 전통 기술이 빛나는 아이스 글라스는 스미다(墨田)구 한정 판매.(3만 8500엔)

Been There Series의 컬렉터블 스노우 글로브 & 머그

스노우 글로브와 도쿄 모티프 그림이 그려진 머그 세트(4290엔)

#### Jimoto made Series 취급 점포
• 긴시초 마루이점 긴시초 테루미나2점
• 도쿄 스카이트리 소라마치히가시 6층점
• 도쿄 스카이트리 소라마치니시 1층점
• 긴시초 오라나스점
• 긴시초 파루코점

Been There Series의 스테인리스 보틀 & 머그

지역 한정 시리즈의 도쿄판. 스테인리스 보틀(4840엔), 머그(1980엔)
※ Been There Series는 도쿄의 점포(일부 점포 제외)에서 판매.

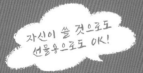

자신이 쓸 것으로도
선물용으로도 OK!

# 집에 있는 시간이 즐거워지는
# 엄선 카페 굿즈 &
# 명품 테이크아웃 디저트

유명 카페의 드립백 커피를 사고, 인기 가게의 디저트를 테이크아웃.
가게 로고가 들어간 머그컵에 커피를 따르면 집에서 카페 오픈!
집에 있는 시간을 호화롭게 만들어 주는 비장의 아이템을 체크.

SHOPPING

# 자택에서도 외출 처에서도
# 인기 카페 아이템

머그컵과 텀블러 등 점포 오리지널 카페 아이템을 사용하면
집과 회사는 물론 외출처에서도 맛있는 음료를 즐길 수 있다!
차와 커피(→P.88)도 카페에서 구입하면 카페 기분을 더욱 높여 준다.

원 포인트 디자인 원숭이

**G** 사루타히코(猿田彦) 커피와 STAN LEY가 콜라보한 스테인리스 진공 머그(230ml 4400 엔). 보냉·보온이 우수하여 사무실과 아웃도어에서 활약 (The Bridge점 한정).

**G** THERMOS 스테인리스 슬 팀보틀 (350ml/4400엔). 보온 효과가 높은 써모스의 텀블러. 완전 개방형이며 잡기 편한 몸체 등 사용 편리성을 추구.

**F** 거북이 마크가 포인트인 스테인리스 보온 병 (250ml / 1880엔). 점포에서 판매하는 원두인 카메노코 블렌드를 집이나 밖에서 맛볼 수 있다.

# TUMBLER

**G** 사루타히코(猿田彦) 커피의 오리지널 머그컵. 손잡이가 긴 디자인으로 음료의 온도가 높아도 손이 뜨거워지지 않고 마실 수 있다. S사이즈는 흰색과 네이비 두 가지 색각 2750엔.

**J** 밀크티를 따르고 있는 심플한 로고가 품위 있는, CHAVATY의 오리지널 머그컵(1760엔). 뒷면에도 메시지 디자인이 되어있다.

포개서 컴팩트하게 수납할 수 있어요

**F** 너무 작지도 너무 크지도 않은 사이즈가 딱 좋은 카메노코 스태킹 머그. 단품 구매도 가능.(1개 1650엔/3개 세트 4950엔)

# MUG

선명한 배색과 디자인이 눈길을 끈다.

**G** 장인의 수제 커피차통(1820엔~). 속 뚜껑이 있어 밀폐성이 뛰어나고, 원두 보존 등 사용 방법도 다양.

**J** 안뚜껑과 바깥뚜껑의 이중구조로 밀폐성이 뛰어나며, 차광성도 있어 찻잎 보존에 적합한 캐니스터 (4070엔). 질리지 않는 심플한 디자인이 좋다.

**B** 암리타 식당 오리지널 플라스틱 접시(1500엔). 컬러풀한 꽃을 흩뿌려 놓은 법랑풍 디자인이 사랑스럽다.

# CANISTER

# PLATE & BOWL,

텀블러는 밀폐성 등 기능은 물론 들었을 때 손의 느낌도 중요. 가게에서 직접 사는 것을 추천합니다. (도쿄도·T)

D 미르(MiR) 이중 진공 단열 텀블러는 컵 모양으로 귀엽고 손에 딱 맞는 디자인. 장시간 보온·보냉이 우수하다. 8oz(237ml)(2970엔)

레드, 그린, 그레이 3종류

I 로고가 들어간 채틀(리프티 전용 텀블러, 2530엔)과 타이완 텍스타일 브랜드 '인호아라(印花楽)'의 식물을 사용한 채틀 케이스(1650엔)

인기 카페 아이템

# ◆ TUMBLER ◆

K 홋카이도산 재료를 사용한 도넛 가게답게 도넛을 물고 있는 곰 로고가 귀엽다. 미르 보온병. 16oz(473ml)(4970엔)

H 심플하고 멋져 일본 국내외 인기 텀블러 브랜드 'KINTO'와 콜라보한 제품인 코끼리 로고 여행 텀블러. (350ml, 각 3100엔)

총 4가지 색, 흰색, 은색도 있다

A 하이드로 플라스크와의 콜라보 텀블러 [16oz(473ml) 5680엔]. 높은 보온성과 휴대에 편리한 핸들이 포인트.

K 불곰 로고가 그려진 법랑 머그컵, 그 이름도 HIGU MUG(2200엔), 컬러는 흑, 백, 청 3종류

E 나츠메 소세키가 기르던 고양이를 모델로 디자인된 머그컵(2200엔), 다른 고양이 굿즈들도 있어 고양이를 좋아하는 사람은 확인 필수.

A 로고가 들어간 컬러 머그(왼쪽/2200엔)와 커피 머그컵(오른쪽/S 1980엔). 모두 하와이안풍의 넉넉한 사이즈.

K 오리지널 법랑 접시(2000엔), 사이즈는 23cm. 두께감 있고 단단히 만들어져 평소에도 아웃도어에도 Good!

C 공중목욕탕을 모티프로 한 카페에서 셰이크를 제공할 때 사용하고 있는 오리지널 우유병(850엔)과 되(950엔)을 숍에서 판매.

대표 메뉴인 셰이크는 P.32 체크

A 아일랜드 빈티지 커피에서 아사이볼을 제공하고 있는 컵과 동일한 제품. 로고가 들어간 커피 머그(L 2640엔)

# OTHERS

# 온리원 아이템이 가득♪
## 카페 오리지널 굿즈 총집합

카페 로고와 디자인이 들어간 오리지널 아이템은
몸 주위에 두고 일상용으로 쓰고 싶은 좋은 제품이 많다.
디자인성 & 기능성이 뛰어난 우수한 굿즈부터
큭큭 웃게 만드는 유니크한 제품까지
aruco가 추천하는 아이템을 픽업.

## BAG

### 3색 크림소다가 눈길을 끈다.
가게 명물인 크림소다의 사진을 그대로 토트백에. 2가지 색이 있다. (각 2750엔)

핫집 네구라 → P.37

손잡이가 길어서 사용하기 편하다!

Sunset Coffee Jiyugaoka → P.104

### 카무플라주 런치 토트백.
작아 보이지만 의외로 많이 담을 수 있는 우수한 제품.(2420엔)

카메노코 수세미 아나카점 → P.53

### 심플한 디자인으로 사용하기 편하다.
한쪽 면에는 CHAVATY의 로고가, 다른 면에는 오모테산도점이 그려진 캔버스 토트백(1650엔)

HIGUMA Doughnuts → P.97

### 세로로 긴 심플 백
커피를 마시는 여성이 디자인된 토트백(1400엔) 원두를 넣어 선물로도 Good!

### 세로로 길어 바게트도 넣을 수 있다.
바닥이 둥근 입체적인 양동이 모양이어서 용량이 크다. 손잡이가 잡기 쉬운 형태로 만들어져 있다.(1980엔)

TOKYO VEGAN

UNIVERSAL BAKES AND CAFE → P.75

### 캘리그라피 디자인이 멋지다!
아라빅 커피포트 그림에 가게 이름과 서예가의 사인 등이 아라비아 서예로 그려져 있다. (2850엔)

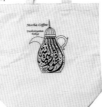

Mocha Coffee → P.22

### 두툼하고 튼튼한 미니 토트백.
도넛을 물고 있는 불곰 로고가 그려진 불곰 토트백S(1250엔). 도시락 가방으로 좋아 보인다.

HIGUMA Doughnuts

CHAVATY → P.97

SHOZO TOKYO STORE CAFE & GROCERY → P.96

### 패커블 마켓백.
작게 접을 수 있어 휴대에 편리한 오리지널 마켓백. 두 사이즈로 전개.(각 1650엔)

### 지퍼가 달린 보냉백.
검정색 캔버스 원단에 로고를 프린트. 구매한 디저트를 넣는 데 안성맞춤.(1450엔)

과방 멜론과 로망 → P.32

### 멜론이 1개 들어가는 캔버스 토트백
멜론을 넣어 선물로 주면 멋지다. 런치백으로도 사용할 수 있다. (1350엔)

'카메노코 수세미 야나카점'은 거북이 마크가 들어간 오리지널 굿즈가 많아 매장을 구경하는 것만으로도 즐겁다. (도쿄도·우메)

# FASHION

**디자인도 사이즈도 풍부하게 갖췄다.**
불곰 모티프 로고가 들어간 티셔츠는 아동용부터 XL까지 있다.

**HIGUMA Doughnuts → P.97**

Mocha Coffee → P.22

**뒷면 꽃 디자인도 귀엽다.**
왼쪽 가슴 편의 포인트 커피포트에는 가게 이름을 디자인. 뒷면도 아라비아풍 디자인.(3650엔)

섬세한 아라비아풍 꽃무늬

**신으면 편안한 고기능성 양말**
미국의 양말 메이커 'SOCKGUY'가 만든, 카메노코 숍의 영문 로고가 들어간 고기능성 양말(1650엔)

카메노코 수세미 야나카점 → P.53

**임팩트 있는 기타센주 모자**
오너의 기타센주 사랑과 위트가 담긴 모자(3900엔) 모자를 쓰고 기타센주를 걷고 싶다.

5d Coffee → P.32

카페 오리지널 굿즈

카메노코 수세미 야나카점 → P.53

**거북이 자수가 들어간 카메노코 클로스**
거북이 포인트 자수가 귀여운 오리지널 린넨 클로스(각 1430엔)

**쇼와(昭和) 레트로 키홀더**
가게 메뉴인 핫도그와 기타센주의 글자가 키홀더로.(각 650엔)

5d Coffee → P.32

# OTHERS

**검은고양이 디자인 책갈피**
'복고양이'라고 하는 검은고양이는 3가지 패턴이 있다. 메시지 카드로도 활용된다.(275엔)

카메노코 수세미 야나카점 → P.53

**항균·항곰팡이 효과의 고기능 스펀지**
물 빠짐도 거품 빠짐도 좋아 청결하게 유지할 수 있는 오리지널 스펀지(각 330엔)

**커피로 염색한 손수건**
추출한 후에 남은 커피 찌꺼기를 염료로 재활용해 염색한 손수건(1870엔)

사쿠라히코 커피 The Bridge 하라주쿠역점 → P97

CAFE SOSEKI → P.77

**개다래가 들어있는 고양이용 베개**
나츠메 소세키의 작품 「그 후」에 등장하는 히로시마의 숲에서 채취한, 개다래가 들어간 고양이 장난감(1900엔)

**명물 팬케이크 마그넷**
가게의 명물인 '천국 팬케이크'를 재현한 캔자석 세트(950엔)

커피 천국 → P.36

**멜론으로 염색한 행커치프**
멜론의 잎과 줄기에서 채취한 천연염료의 색채가 멋있다.(1400엔)

과방 멜론과 로망 → P.32

일본 전통 무늬가 귀여워요

---

'과방 멜론과 로망'의 컵받침도 추천. 멜론의 그물 무늬가 디자인되어 있으며, 품종마다 무늬가 다른 것도 재미있다.

맛있게 마시는 요령
만드는 방법은 전용 동영상을 보면 알기 쉽다. 넘치지 않게 주의하면서 약불로 천천히 끓이는 것이 포인트

맛있게 마시는 요령
부속 소책자의 '티백 맛있게 내리는 방법을 참고하여 각 브랜드의 추출 시간을 참고하세요

인기 홍차 8종류를 즐길 수 있다.
**티백 셀렉션**
다즐링, 밀크티 블렌드, 네팔의 제철 수확 싱글오리진 티 등 인기 브랜드들의 티백 8종류(1458엔)

TEAPOND → P.60

무한히 마실 수 있다!? 앤들리스 차이
**마살라차이 키트**
그린 카다멈, 시나몬, 정향 등의 향신료로 구성된 찻잎. 왼쪽은 6g(180엔), 오른쪽은 30g(750엔)

인도요리와 봄바이 요츠야점 → P.21
+The India Tea House

넉넉한 사이즈에 행복 가득
**보틀 아이스티 라떼**
차 본래의 풍부한 향기를 즐길 수 있는 부드러운 티 라떼. 우바, 말차, 호지차 3종류. (각 734엔)

CHAVATY → P.97

**Tea**
차

aruco 조사팀이 간다!!

마음에 쏙 드는
# 집에서도 즐기게

카페에서 여유롭게 각별한 만큼 집에서도 점포들의 맛을 가게에서 제공하고 커피 등을 집에서 즐기는 카페

참배 기념으로 운수 좋은 차를
**대복차(大福茶) & 메이지 산다(山茶)**
대복차(350엔)는 메이지신궁 숲의 푸르름을 표현한 센차(煎茶). 메이지의 산다(290엔)는 메이지시대(1868년~1912년)의 제법으로 만들어진 호지차.

CAFÉ 숲의 테라스 → P.78

맛있게 마시는 요령
차도구를 사전에 데워둔 뒤 뜨거운 물을 부으면 찻잎이 열려 더욱 향기로운 우롱차를 즐길 수 있다. 적은 찻잎으로 몇 번이라도 우리며 즐길 수 있다.

타이완의 희소한 찻잎
**타이완 우롱차와 홍차**
왼쪽부터 우유 같은 향기의 아리산 금원차(阿里山金萱茶)(1295엔), 향의 여운이 길고 감칠맛이 있는 치라이산(奇萊山)의 고산우롱차 냉향(冷香)(1725엔), 향기롭고 단맛의 밀향홍차(蜜香紅茶)(1510엔)

타이완 다예관 인파엔(印茶苑) → P.19

맛있게 마시는 요령
아이스크림뿐 아니라, 과일과 마시멜로, 젤리 등 원하는 토핑으로 즐겨 보자.
1병에 2잔 분량.

일본 제일의 차 생산지에서 길러낸 풍미 가득한 찻잎
**밤호지차, 카네주 얼그레이 특선 다원(茶園)**
왼쪽은 카네주 호지차에 밤을 합친 계절 한정품(80g/1620엔), 가운데(80g/1728엔), 오른쪽은 선명한 녹색 향기와 깊은맛을 즐길 수 있는 센차(煎茶)(100g/3780엔)

카네주농원 요츠메소 → P.62

**Others**
기타

파스텔 컬러가 귀여운
**오리지널 탄산음료**
컵에 따르고 아이스크림을 얹는 것만으로 카페 느낌 크림소다 완성! 3종류가 있다.(각 340엔)

집에서 만들어 보세

찻집 테구라 → P.37

'카네주농원'의 카네주 얼그레이는 건조한 베르가못 과육이 들어있어 다른 곳에서는 맛볼 수 없는 맛이었다. (사이타마현 · 미)

맛있게 마시는 요령
부디 블랙으로 오른쪽
은 농후한 버터 느낌의
여운과 과일향을.
왼쪽은 초콜릿 마카다
미아의 향기를 즐길 수
있다.

제약 농가의 원두를 하와이에서 직송한
## 코나커피
전 세계 커피 생산량 중 단 1%라
는 희소한 코나커피 중에서도 최고
급품을 취급한다.
야일랜드 반타지
커피 오로레산도점　　→ P.23

빵과 어울리는 콜드브루 커피
## 로얄 밀크 커피
시간을 들여 커피를 콜드브루
한 장시간 로스팅 커피에 우
유를 첨가한 부드러운
맛의 커피(700엔)
난토카 프레소　　→ P.104

집에서도 카페 기분을 즐기게 해주는 드링크

♪ Let's enjoy at home

블렌드의 최고봉
## 사루타히코 요아케 드립백 5개입
The Brigde 히라주쿠역점 한정
상품. 엄선한 스페셜티 원두와
빈 위스키 나무통에서 숙성시킨
원두를 블렌드한 일품.
(1710엔)
사루타히코 커피
The Bridge → P.97
히라주쿠역점

### Coffee
커피

맛을 사서 돌아가자
# 카페 기분을 해주는 드링크
음료를 즐기는 것이
간편하게 좋아하는
즐기고 싶은 법.
있는 차와
구입해
기분은 어떨까?

밤에도 안심하고 마실 수 있는
## 디카페인 드립백
멕시코 원두를 사용하여
신맛과 쓴맛의 균형이 좋은
티백(200엔)
Sunset Coffee Jiyugaoka　→ P.104

진귀한 예안 산 원두
## 모카커피
모카커피의 발상지라고
하는 예안의 엄선된 싱글
오리진 원두.
(200g/3200엔)
Mocha Coffee　→ P.22

맛있게 마시는 요령
원두 자체에 약간의
단맛과 향기가 있기 때
문에 페이퍼드립으로
내려 설탕과 우유를 넣
지 않고 스트레이트로
즐기자.

과일 맛 넘치는
## 약배전 커피 드립백
과일향이 나는 커피를 간편하게
즐길 수 있는 드립백(각 260엔)
사용하는 원두는 시기에 따라 바뀐다.
FUGLEN TOKYO　→ P.25

타일 무늬의 포장이 귀여운
## 드립백
부룬디, 베트남, 콜롬비아, 온두라스산 싱글오리
진 각 250엔. 패키지는 공중목욕탕의 타일을 모
티프로 하고 있다.
rébon Kaisaiyu → P.50

사루타히코 커피의 유명 블렌드
## 다이키치(大吉) 블렌드 드립백 5개입
신맛은 억제하여 원두의
쓴맛이 느껴지는 부 드럽
고 균형잡힌 블렌드
(5개입/690엔)
사루타히코 커피
The Bridge 히라주쿠역점　→ P97

맛있게 마시는 요령
드립백의 고리를 데워
둔 컵에 걸고 뜨거운
물을 조금씩 따르면서
20초간 담가둔 뒤에
컵에서 떼어낸다.

인도산 아라비카종을 사용한
## 이디언 블렌드 드립백

'뭄바이' 오리지널
블렌드(130엔).
풍부한 향기와 깊
은 맛을 즐길 수
있다.
인도요리 뭄바이
요쵸야점 +　→ P.21
The India Tea House

# 카페의 차 & 커피에 어울리는

홍차  일본차  커피  중국차

마음에 드는 카페의 차와 커피(→P.88)에는 아주 맛있는 디저트를 곁들이고 싶어진다.

## 생과자
*fresh sweets*

## TRÈS CALME
### 밀푀유
바삭한 파이 반죽에 커스터드크림이
듬뿍. 자주 품절되는 인기 상품.(562엔)

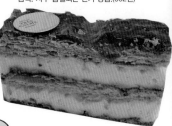

### 서양과자 시로타에
## 레어 치즈케이크
엄선한 크림치즈를 듬뿍 사용한
크리미하고 상쾌한 레몬향의 명품.(270엔)

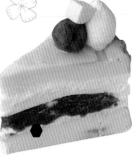

## A WORKS
### 앙버터
팥 앙금을 사용한 베이
크드 치즈케이크.
휘핑크림과 무화과가
좋은 악센트를.(680엔)
A WORKS (→ P.33)

뱅조 오승의
슈크림

## A WORKS
### 로터스
시나몬이 들어간
캐러멜 풍미의
진한 치즈케이크
와 폭신하고
가벼운 생크림의
만남.(680엔)
A WORKS
(→P.33)

### 파리 오가와켄(巴裡 小川軒)
## 오가와켄
## 롤
커스터드 & 생
크림을 촉촉하
고 폭신한 스펀
지로 감쌌다.
심플하고 맛있
다.(324엔)

### A.Lecomte의
## 스완
짭잘한 슈 반죽과 깊은 맛이
느껴지는 100% 생크림의
조화가 완벽.(562엔)

---

## Cafe The SUN LIVES HERE
### 카페 더 선 리브스 히어
부드러운 맛의 수제 사워크림과 생
유 100% 요구르트 등 엄선 재료로
만든 치즈케이크 전문점. 유리병에
들어있는 치즈케이크 CHILK도 인기.

**Map** P.116-B2  산겐자야(三軒茶屋)
🏠 세타가야구 산겐자
야 1-27-33
☎ 03-6875-1730
🕐 10:00~20:00
🈺 연중무휴
🚇 도큐 덴엔토시선 산겐자야역 남쪽 출구
A 또는 남쪽 출구B에서 도보 6분
🔹 이외 도쿄 내 2개 점포

## The Peninsula Boutique&Café
### 더 페닌슐라 부티크 & 카페
더 페닌슐라 도쿄 지하 1층의 점포.
디저트와 페이스트리 외에 차, 소스
등도 판매하고 있어
호텔의 맛을 즐길 수 있다.

**Map** P.121-B3  유라쿠초(有楽町)
🏠 치요다구 유라쿠초
1-8-1 더 페닌슐라
도쿄 B1층
☎ 03-6270-2888
🕐 부티크 11:00~
18:00
🈺 연중무휴
🚇 지하철 히비야역 A7 출구 근방
🔹 이외 도쿄 내 2개 점포

## 西洋菓子しろたえ
### 서양과자 시로타에
심플한 재료로 수고를 아끼지 않고
정성껏 만들어진 양과자가 많은 사
람을 매료하는 아카사카의 노포. 매
장 안에 공방이 있어 갓 만들어진
것을 즐길 수 있다.

**Map** P.120-A2  아카사카(赤坂)
🏠 미나토구 아카사
카 4-1-4
☎ 03-3586-9039
🕐 카페 10:30~18:
00 (L.O, 17:30), 판
매 10:30~19:30 (토·공휴일 ~19:00)
🈺 일
🚇 지하철 아카사카미츠케역 A 출구에
서 도보 3분

## タケノとおはぎ
### 타케노토 오하기
일품인 으깬 팥소 & 으깨지 않은
팥소 & 코시앙(각 180엔)과 계절
꽃 모양의 아름다운 창작 오하기가
유명. 첨가물을 사용하지 않고
자연 식재료로 착색한다.

**Map** P.116-B1  사쿠라신마치(桜新町)
🏠 세타가야구 사쿠
라신마치 1-21-11
☎ 03-6413-1227
🕐 12:00~18:00 (품
절 시 종료)
🈺 월·화
🚇 도큐 덴엔토시선 사쿠라신마치역 남쪽
출구에서 도보 4분
🔹 [가쿠게이대학점] 메구로구 나카초 1-36-6

TRÈS CALME'의 몽블랑은 겉면의 쌉싸름한 커피와 호두 머랭이 좋은 악센트가 되어 매우 맛있다! (도쿄도 · T)

# 테이크아웃 디저트 셀렉션

케이크 등 생과자부터 가볍게 집어먹을 수 있는 한입 크기의 과자까지 추천 디저트를 모았습니다.

사진 우측 안쪽의 CHILK도 추천합니다!

### The Peninsula Boutique & Café
## 망고 푸딩

망고를 듬뿍 사용한 푸딩과 소스에 다시한번 신선한 망고를 토핑 한 호화로운 맛.(777엔)

### Mallorca
## 바스크 치즈케이크

스페인 바스크지방의 향토 과자. 표면의 쌉싸름함이 치즈의 깊은 맛을 더 해 준다.(620엔)

멋진 테마 카페에서 차를 즐기자

### A.Lecomte
## 수리

쥐의 귀 부분은 아몬드에요

바닐라빈 콩깍지를 사용한 커스터드크림과 슈의 짭짜름함이 매치.(1개/562엔)

### Café The SUN LIVES HERE
## 블루베리 생크림 치즈케이크

진한 생크림 치즈케이크 위에 신선한 블루베리를.(550엔)

### 타케노도 오하기
## 오하기 모둠

짜낸 피스타치오 등 매일 달라지는 아름다운 오하기가 유명. 종류에 따라 다른 구성.(7개입/1800~1900엔)

### 서양과자 시로타에
## 슈크림

부드럽고 얇은 슈 속에는 가게가 자랑하는 커스터드크림이 듬뿍!(190엔)

### TRÈS CALME
## 몽블랑

호두와 카시스 열매 등 가을을 생각나게 하는 재료를 사용하고 식감과 맛의 균형 등을 계산해 만든 일품.(562엔)

---

센구루의 인기 파티세리
## TRÈS CALME
트레 칼메

프랑스에서 공부한 점주가 운영하는 파티세리로, 약 6년에 걸쳐 완성한 몽블랑이 스페셜티. 본고장 풍미의 바게트도 추천.

**Map** P.118-B2 센고쿠(千石)
- 분쿄구 센고쿠 4-40-25
- ☎03-3946-0271
- 🕙10:00~19:00
- 📅비정기 휴무
- 🚇지하철 센고쿠역 A4 출구에서 도보 4분

원조 레이즌위치 노포
## 巴裡 小川軒
파리 오가와켄

레이즌과 입에서 부드럽게 녹는 크림을 쿠키로 샌드위치한 명품 레이즌위치(→P.92)의 시초인 노포 양과자점. 인접한 카페가 있다.

**Map** P.120-C1 가쿠게이다이가쿠(学芸大学)
- 메구로구 메구로혼초 2-6-14
- ☎03-3716-7161
- 🕙10:00~18:00, 토~17:00
- 📅일·공휴일, 비정기 휴무
- 🚇도큐 도요코선 가쿠게이다이가쿠역 동쪽 출구에서 도보 10분
- 🏠[신바시점] 미나토구 신바시 2-20-15 신바시역전빌딩 1호관 1층(다이이치케이힌 방향)

마드리드에 본점이 있는
## Mallorca
마요르카

1931년 오픈한 스페인 왕실 납품 노포. 손으로 만든 타파스부터 메인 요리, 향토 디저트 등을 제공하고 있으며 식료품점을 부설 운영.

**Map** P.116-C1 후타코타마가와와(二子玉川)
- 세타가야구 타마가와 1-14-1 후타코타마가와 라이즈 S.C. 테라스마켓 2층
- ☎03-6432-7220
- 🕙카페 & 레스트랑 9:00~23:00(L.O. 21:30), 매장 ~21:00
- 📅연중무휴
- 🚇도큐 덴엔토시선 후타코타마가와역에서 도보 3분

1982년 오픈한 프랑스 과자 가게
## A.Lecomte 渋谷店
르 콩트 시부야점

50년 이상 전통적인 프랑스 과자를 제공하는 노포. 스페셜한 과일케이크를 비롯해 세대를 넘어 사랑받는 다양한 맛이 많다.

**Map** P.117-B1 시부야(渋谷)
- 시부야구 시부야 2-24-12 시부야 스크램블스퀘어 1층
- ☎03-3400-0018
- 🕙10:00~21:00
- 📅시부야 스크램블스퀘어 휴일에 준함
- 🚇JR 시부야역 직결, 지하철 시부야역 B6 출구 직결
- 🏠이외 도쿄 내 3개 점포

---

'타케노토 오하기'의 오하기는 1개도 구입할 수 있고 3, 5, 7개 단위로 구입 시 각각 도시락에 담아 준다.

## 구움과자
*baked sweets*

### 시세이도 팔러 긴자본점숍
## 프티 푸르 섹 프티

플로랑틴과 갈레트 등 10종류의 구움 과자가 25개 담긴 긴자본점숍 한정품.(2160엔)

행복을 부르는 과자라고 불린다.

### Mallorca
## 뽈보론

스페인 안달루시아 지방의 전통 과자. 입에 넣으면 사르르 부서지는 식감.(각 210엔)
Mallorca (→P.91)

### 파리 오가와켄
## 레이즌위치

양주향이 느껴지는 굵직한 레이즌과 특제 크림을 부드러운 쿠키로 샌드위치.(5개입/675엔) 파리 오가와켄 (→P.91)

### 파리 오가와켄
## 올빼미 캐러멜 사블레

코코넛 밀크 파우더를 반죽해 넣은 사블레. 안에는 캐러멜 크림이.
(1개/206엔)
파리 오가와켄 (→P.91)

### 커피 천국
## 레몬 케이크

레몬 껍질이 상쾌한 악센트를. 레트로 포장지도 귀엽다.(2개입/700엔) 커피 천국 (→P.36)

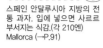

### Mallorca
## 엔사이마다

스페인 마요르카섬의 라드를 사용한 소용돌이빵. 폭신하고 가벼운 식감.(280엔)
Mallorca (→P.91)

### 타이완 텐쇼텐
## 텐카스텔라(플레인)

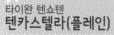

계란 맛을 제대로 느낄 수 있는 촉촉하고 부드러운 스펀지 케이크.(플레인 맛/580엔)

### 커피 천국
## 컵 모양 쿠키
(스푼 포함)

발효 버터를 사용해 풍미 좋게 완성한 쿠키. 플레인과 카카오 2종류 구성.(800엔) 커피 천국 (→P.36)

'Mallorca'의 엔사이마다는 겉은 바삭한 식감이고, 씹으면 스르르 유분이 입안에 퍼져 맛있었다. (도쿄도 · O)

## 초콜릿 과자
chocolate

### MAGIE DU CHOCOLAT의
## 마지 두 쇼콜라
(생초콜릿케이크)

진한 맛의 반생초콜릿케이크. 탄자니아75, 가나63 등 여러 종류가 있다.(450엔~)

*한끗한 카카오의 맛을 즐길 수 있어요*

테이크아웃 디저트 셀렉션

### 시세이도 팔러 긴자본점숍
## 하나츠바키
(花椿) 쇼콜라

Chocolats "HANATSUBAKI"

마치 보석처럼 아름다운 봉봉쇼콜라. 10종류 중 3종류는 기간 한정 맛.(각 270엔)

### MAGIE DU CHOCOLAT
## 카카오 아마낫토

카카오콩을 볶아 만든 진귀한 상품. 씹을수록 초콜릿의 맛을 느낄 수 있다.(각 880엔)

*보드라운 식감과 풍위 있는 단맛*

### MAGIE DU CHOCOLAT의
## 지유가오카·생코초 푸딩(위)과 쇼콜라 푸딩 아 라 오란제(아래)

위는 푸딩용으로 카카오를 로스팅한 엄선된 일품.(700엔) 아래는 약간 단맛의 초콜릿 푸딩, 오렌지필을 얹어 상쾌함을 준다.(560엔)

## 말린 과일
dry fruit

### Mocha Coffee
## 말린 과일

두바이에서 직수입한 오렌지필과 피스타치오를 말린 대추야자로 샌드위치. 아라빅 커피와 함께.(1250엔)
Mocha Coffee (→P.22)

### ACHO 가구라자카(神楽坂)
## 초코락

비스킷, 말린 과일, 견과류를 초콜릿에 섞어 굳힌 크런치한 과자. 비터(앞줄 왼쪽과 아몬드 (앞줄 오른쪽)가 유명.(각 626엔)
ACHO 가구라자카 (→P.102)

---

*개성이 빛나는 디저트가 가득*

## 資生堂パーラー
### 銀座本店ショップ
시세이도 팔러 긴자본점숍

2022년에 오픈 120주년을 맞이한 긴자를 대표하는 가게 중 하나. 3~5층은 카페 & 레스토랑. 1층에는 숍이 있다. 여기에서만 살 수 있는 한정품도 많다.

**Map** P.121-C3 긴자(銀座)

🏠추오구 긴자 8-8-3
도쿄 긴자 시세이도
빌딩 1층
☎03-3572-2147
🕐11:00~21:00
🗓연말연시
🚃JR 신바시역 긴자 출구에서 도보 5분

*타이완 본고장의 풍미를 즐길 수 있는 카페*

## 台湾甜商店 新宿店
타이완 텐쇼텐 신주쿠점

두부를 사용한 디저트 등 타이완에서 탄생한 디저트와 음료를 풍부하게 갖춘 카페. 면류 등 타이완 식사도 본격적.

**Map** P.123-C1 신주쿠(新宿)

🏠신주쿠구 신주쿠
3-36-10 아인즈 &
토르페 신주쿠 동쪽
출구점 2층
☎03-5925-8240
🕐11:00~22:00(L.O./매장 식사 21:00,
테이크아웃 21:50)
🗓연중무휴
🚃JR 신주쿠역 동쪽 출구에서 도보 3분

*다양한 카카오를 즐길 수 있는 전문점*

## MAGIE DU CHOCOLAT
마지 두 쇼콜라

직접 농장에서 카카오콩을 매입해 카카오 본래의 맛과 개성을 끌어내는 Bean to Bar 초콜릿 가게로, 국제품평회 수상 작품도 있는 실력 있는 점포.

**Map** P.122-C1 지유가오카(自由が丘)

🏠세타가야구 오쿠사와
6-33-14 1층
☎03-6809-8366
🕐10:00~19:00 (L.O.
17:30)
🗓화
🚃도큐 도요코선 · 오이마치선 지유가오카역 남쪽 출구에서 도보 3분

**MAGIE DU CHOCOLAT의**
오너 셰프
마츠무로 카즈미
(松室和海) 씨

---

'MAGIE DU CHOCOLAT'의 초콜릿바도 추천. 사용하는 카카오의 산지 및 종류, 플레이버 등이 적혀 있어 고르기 쉽다.

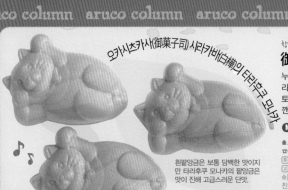

오카시츠카사(御菓子司) 시라카바(白樺)의 타라후쿠 모나카

♪

누운 흰앙금은 보통 담백한 맛이지 만 타라후쿠 모나카의 팥앙금은 맛이 진해 고급스러운 단맛.

야옹—

상자를 열면 모나 카의 향기가 훅 퍼진다

창때 기어로, 긴치소(錦糸町)의 인기 화과자 가게
### 御菓子司 白樺 오카시츠카사 시라카바

누워있는 포동포동한 복고양이 모양 타 라후쿠 모나카가 대표 상품. 홋카이도 토카치(十勝)산 흰팥을 사용한 하얀 으 깬 앙금이 유니크하다.(6개입/1350엔)

**Map** P.119-C4　긴시초(錦糸町)

🏠 스미다구 코토바시 2-8-11
☎03-3631-6255　🕗8:00~18:00
📅월 정기 휴무, 화 비정기 휴무, 연말연시
🚉JR 긴시초역 남쪽 출구에서 도보 8분
🏠[테르미나점] 스미다구 코토바시 3-14-5
긴시초 스테이션빌딩 테르미나 B1층

샌크림과 커스터 드크림의 2단 구 성, 화이트초코가 뿌려진 얼룩고양이 가 에끌레르도 있다.

카페 네코에몬(猫衛門)의 검은줄무늬고양이의 에끌레르

**DATA는 → P.109**

## 타터임에 어때요?
## 거리에서 마주친 고양이 디저트

보기만 해도 행복해지는 고양이 디저트들을 모았습니다.

카페 네코에몬(猫衛門) 구움과자

도쿄 네코네코 식빵

발바닥 젤리 마들렌(왼쪽), 맛의 종류는 플레인, 딸기, 초코, 말차가 있다.(각 216엔) 가운데는 피냥시에(216엔), 오 른쪽 2개는 플레인과 코코아 맛 고양이 쿠키(각 172엔)

팥앙금을 넣은, 츠부앙 (271g/1560엔)

말차 아몬드 & 검은콩을 넣은, 말차 검은콩(260g /1560엔)

발효 버터 향의, 플 레인(209g/1300엔)

캐러멜 아몬드 (234g/1560엔)

초코칩 & 코코아 아몬 드 가 들어간, 초코 (266g/1560엔)

프랑스 전통 과자에 사용되는 프랄린로즈가 들어간, 프랄린로즈(243g/1560엔)

카이운 야나카도(開運谷中堂)의 마시멜로 고양이

용 상자도 귀여워요!

일본 국산 한천을 사용한 일본식 마 시멜로 안에 흰팥 앙금이 들어간 과 자(1080엔). 부드 러운 맛

**DATA는 → P.109**

로라이 베이커리 & 디저트

### 東京ねこねこエキュート京葉 스트리트店

도쿄 네코네코 에큐트 케이요 스트리트점

고양이를 모티프로 한 빵과 디저트 전문점. 도쿄 네코네코 식빵은 프랑스산 발효 버터를 넣은 크 루아상 반죽으로 만들어 겉은 바삭 안은 촉촉한 식감.

**Map** P.121-A3　마루노우치(丸の内)

🏠 치요다구 마루노우치 1-9-1 JR 도쿄역 구내 1층 야에스 남쪽 개찰구 안 ☎03-3217-5557
🕗8:00~21:30, 토・일・공휴일 ~21:00
📅연중무휴　🚉JR 도쿄역 직결

94

거리의 개성이
운치 있다

# 거리 걷기가 즐거운 9개 지역을
# 관광 기분으로 산책하면서
# 카페 순례

변두리 분위기가 떠도는 지역부터 고층 빌딩이 늘어선 번화가까지.
도쿄에는 개성 풍부한 지역이 많다!
카페 순례와 함께 산책하며 새로운 거리의 매력을 만날 것이다.

W
A
L
K

# 일본 트렌드가 모이는
## 오모테산도·하라주쿠에서
# 멋진 카페 & 디저트 순례를

일본 국내외의 고급 브랜드와 인기 카페가 늘어선 오모테산도의 느티나무 가로수 거리를 걸어 젊은이 문화의 발신지 하라주쿠까지 산책하자.

**TOTAL 7시간**

오모테산도 하라주쿠 산책
**TIME TABLE**

- **11:00** Crisscross
  - ↓ 도보 약 1분
- **13:00** Summerbird ORGANIC
  - ↓ 도보 약 5분
- **13:30** SHOZO TOKYO STORE CAFE & GROCERY
  - ↓ 도보 약 10분
- **14:00** CHAVATY
  - ↓ 도보 약 2분
- **15:30** HIGUMA Doughnuts Coffee Wrights
  - ↓ 도보 약 10분
- **17:00** 猿田彦珈琲 The Bridge 原宿駅店

*베이커리 breadworks에 인접해 있다*

## 1 Crisscross
### 크리스크로스

*놀색이 넘치는 테라스에서 런치* **11:00**

'마음이 통하는 친구 같은 올데이 카페'를 컨셉으로 팬케이크와 샌드위치 등 아침부터 밤까지 즐길 수 있는 메뉴를 제공. **DATA는 → P.38**

1. 클럽하우스 샌드(1800엔)
2. T.Y.HARBOR Brewery의 수제 맥주(600엔~)
3. 개방적인 테라스 좌석

*매장 홀 외에 테라스석도 있어요*

## 2 Summerbird ORGANIC
### 서머버드 오가닉

*덴마크에서 태어난 유기농 초코* **13:00**

'자연으로부터 영감을'이라는 슬로건과 함께 탄생한 100% 유기초 초콜릿 숍. 덴마크 전통 과자인 크림 키스는 꼭 먹어보자.

**Map** P.117-A2 아오야마(青山)

- 🏠 미나토구 아오야마 5-5-20
- ☎ 03-6712-6220 ● 11:00~18:00
- 🅟 비정기 휴무
- 🚇 지하철 오모테산도역 B3 출구에서 도보 5분

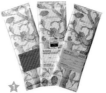

1. 각종 초콜릿바(1620엔)
2·3. 폭신폭신한 머랭 크림을 초코로 감싼 크림 키스(378엔~)
4. 제작실이 내부에 설치되어 있어 크림 키스 만들기를 볼 수 있다.

## 3 SHOZO TOKYO STORE CAFE & GROCERY
### 쇼조 도쿄 스토어 카페 & 그로서리

*뒷골목에 숨겨있는 인기 카페* **13:30**

아기자기한 테라스석이 기분 좋은 카페로, 커피 애호가들 사이에 잘 알려진 홋카이도 '사이토 커피(斎藤珈琲)'의 커피를 메인으로 제공. 수제 구움과자와 굿즈도 인기.

*장제 정흥수 있어요*

**Map** P.117-A2 아오야마(青山)

- 🏠 미나토구 아오야마 3-10-15
- ☎ 03-6803-8215 ● 10:00~18:00
- 🅟 비정기 휴무
- 🚇 지하철 오모테산도역 B2 출구에서 도보 1분

1. 핫커피(460엔)
2. 부드러운 맛의 스콘(350엔~)은 특히 인기. 구움과자는 10종류 정도 있다.
3. 접을 수 있는 장바구니 등 오리지널 카페 굿즈도 풍부(→P.86).

'crisscross'에서는 인접한 'breadworks'의 빵을 구입해서 먹을 수도 있다. (도쿄도·O)

## 4 CHAVATY 차바티

여유로운 시간을 보낼 수 있는 티카페 14:00

고급 찻잎을 사용한 티라떼 전문점.
티라떼는 스리랑카산 우바 외에 우지(宇治)
말차와 호지차도 고를 수 있다.
수제 스콘과 함께 맛보고 싶다.

**Map** P.117-A2 오모테산도(表参道)

🏠 시부야구 진구마에 4-6-9 미나미하라주쿠빌
딩 1층 ☎03-3401-2378 🕐10:00~20:00
📅연중무휴
🚇지하철 오모테산도역 A2 출구에서 도보 7분

크레이프도 인기 있답니다

1. 유리병 아이스티 라떼(638엔)와 우바 찻잎
2. 폼 밀크를 얹은 핫티 라떼(638엔)
3. 테이블석과 소파석이 있다.
4. 국화 모양이 귀여운 스콘(176엔~). 스콘 2개와 홍차 세트(1045엔)

커다란 창밖으로 일본정원이 보인다!

갓 튀긴 것을 드세요

오모테산도·하라주쿠

1. 도넛(250엔~)
2. 갓 튀긴 도넛에 홋카이도의 진한 소프트를 얹은 히구마 소프트(550엔)

15:30

홋카이도의 은혜가 담긴갓 튀겨 먼 도넛

## 5 HIGUMA Doughnuts × Coffee Wrights 表参道

히구마 도넛×커피 라이츠 오모테산도

홋카이도의 엄선된 재료를 고집
하는 수제 도넛은 폭신하고 부드
러운 식감. 밀과 버터의 풍부한
맛에 자기도 모르게 웃는 얼굴이
된다.

**Map** P.117-A2 오모테산도(表参道)

🏠 시부야구 진구마에 4-9-13 미나가
와 빌리지 #5
☎03-6804-1359
🕐11:00~18:00 📅수
🚇지하철 오모테산도역 A2 출구에
서 도보 3분
🏠[본점] 메구로구 타카반(鷹番) 2-8-21

JR하라주쿠역

메이지진구마에(하라주쿠)역
明治神宮前(原宿)駅

明治通り 메이지도리

表参道ヒルズ 오모테산도힐즈

表参道 오모테산도

表参道駅 오모테산도역

外苑前駅 가이엔마에역

青山通り 아오야마도리

骨董通り 코토도리

다음은 어느 가게로 갈까~?

시부야역 渋谷駅

오카모토 타로 기념관

岡本太郎 記念館

ブルーノート 東京 블루노트 도쿄

1. 풍성한 판매 코너
2. 위스키 향의 배럴 에이지드 커피와 사탕수수시럽이 들어간 라떼(850엔)
3. 넓은 공간을 자랑한다.
4. 드립 커피 머신 도입

## 6 猿田彦珈琲 The Bridge 原宿駅店

역사(驛舍) 안에서 특별한 커피 체카 17:00

사루타히코 커피 더 브릿지 하라주쿠역점

'일본의 골목'이 컨셉인 점내는 일본의 취향과 모던이 융합. 커
피 생두를 위스키 나무통에 숙성해 향을 입힌 배럴 에이지드
커피는 하라주쿠점 한정.

**Map** P.117-A1 하라주쿠(原宿)

🏠 시부야구 진구마에 1-18-20 하라주쿠역 2층
☎03-6721-1908 🕐8:00~21:00
📅연중무휴 🚇JR 하라주쿠역 동쪽 출구에서 도보 1분

배럴 에이지드 현두도 판매

SARUTAHIKO COFFEE TOKYO EBISU

두툼하게 썬 소시지 포카치아 샌드

# 고감도의 점포가 모인
## 에비스·나카메구로에서
# 세련된 거리와 커피를 즐기자

멋진 카페의 격전지 에비스·나카메구로.
버거 카페부터 엄선된 커피숍까지 유명 가게들을 만나보는 산책 코스 소개!

**TOTAL 7시간**

에비스 나카메구로 산책
**TIME TABLE**

**11:00** MERCER BURGER
↓ 도보 약 4분
**12:30** 에비스 마메조노
↓ 도보 약 10분
**13:00** 다카페 에비스점
↓ 도보 약 13분
**14:30** 오니버스 커피 나카메구로
↓ 도보 약 3분
**16:00** TRAVELER'S FACTORY
↓ 도보 약 9분
**17:00** STARBUCKS RESERVE®
ROASTERY TOKYO

가장 인기 있는
머서 버거
1400엔

## 1 11:00

카운터에서 맛보는
맛집 버거

# MERCER BURGER
머서 버거

'MERCER CAFE'의 숍인숍으로 오픈. 정크푸드를 승화시킨 다채로운 버거와 이에 어울리는 레몬사와, 'MERCER bis'의 시폰케이크를 제공.

총총하고
맛있어요

**Map** P.117-C2  에비스(恵比寿)

🏠시부야구 에비스 1-26-16 시바타빌딩 1층
☎03-3446-1551  ⏰11:00~20:00
📅비정기 휴무
🚇JR 에비스역 1번 출구에서 도보 9분

1. 옆 'MERCER bis'에서는 테이크아웃 시폰케이크를 판매
2. 머서 버거와 레몬사와(900엔)
3. 생캐러멜 시폰케이크(750엔)

渋谷駅
시부야역

代官山
다이칸야마
아드레스

八幡通り
야하타도리
旧山手通り
옛 야마테도리

씨솔트 오브제,
싱젱트리 헤매가기

代官山駅
다이칸야마역
代官山蔦屋書店
다이칸야마 츠타야 서점
駒沢通り
코마자와도리

나카메구로역
中目黒駅

최소한
흰팥을 넣은
킨츠바

팥앙금에 정성을 담은
킨츠바 전문점

## 2 12:30

# 恵比寿 豆園
에비스 마메조노

검은콩 등 유명 상품 외에 쇼콜라 등 진화한 상품도 즐길 수 있다. 팥앙금에는 설탕의 왕이라고 하는 스다키토(素炊糖)를 사용해 품위 있는 단맛.

**Map** P.117-C2  에비스(恵比寿)

🏠시부야구 에비스 4-9-7 ABE빌딩 에비스 1층
☎03-5789-9899  ⏰10:00~19:00
📅일, 비정기 휴무  🚇JR 에비스역 동쪽 출구에서 도보 3분
🏠[루미네 타치가와점] 타치카와시 아케보노초 2-2-1
루미네 타치카와 1층

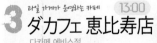

1. 하얀 킨츠바(1개/420엔)는 예약제 판매
2. 계절 한정품도 합쳐 항상 10종류 정도가 있다.

계절 과일을
즐기세요

## 3 13:00

과일 가게가 운영하는 카페

# ダカフェ恵比寿店
다카페 에비스점

계절 과일이 통째로 들어간 과일 샌드위치로 유명한 아이치현(愛知県) 소재의 과일 가게 '다이와 슈퍼'가 운영하는 카페.

**Map** P.117-C2  에비스(恵比寿)

🏠시부야구 에비스 3-11-25 프린스 스마트인 에비스 1층
☎없음  ⏰6:30~18:00
📅연중무휴  🚇JR 에비스역 동쪽 출구에서 도보 3분
🏠[다이와 나카메구로] 메구로구 카미메구로 1-13-6

1. 과일 샌드는 계절마다 라인업이 바뀐다
2. 인기 메뉴 오구라(小倉) 과일 토스트

✉ 'MERCER BURGER'에는 고베(神戸) 비프 버거와 양고기 버거 등 희귀한 버거들도 있었습니다. (치바현·유카리)

고민가푸드의
2층 화장에서
느긋하게

## 4 オニバスコーヒー 中目黒 14:30

전차를 보면서 커피 타임

옴니버스 커피 나카메구로

선로변에 서 있는 독채 커피숍. 전차가 보이는 2층 자리에서 달달함과 과실감을 즐길 수 있는 과테말라(539엔)를 맛보고 싶다.

**Map** P.117-C1 나카메구로(中目黒)

🏠 메구로구 카미메구로 2-14-1 ☎03-6412-8683
🕐9:00~18:00 📅비정기 휴무
🚇도큐 도요코선・지하철 나카메구로역 동쪽 출구2에서 도보 2분
♨️이외 도쿄 내 3개 점포

현두도 판매
하고 있어요

1. 느긋하게 시간을 보낼 수 있는 2층 자리
2. 싱글 오리진과 블렌드를 상시 7~8종류 갖추고 있다.
3. 유기농 재배 밀을 사용한, 쫄깃한 식감의 바나나브레드(396엔)

에비스공원
恵比寿
公園

JR恵比寿駅
JR에비스역

스카이
워크

恵比寿
ガーデンプレイス
에비스 가든
플레이스

## 5 TRAVELER'S FACTORY 16:00

일상에 여행의 에센스를

트래블러스 팩토리

취향대로 커스터마이징 할 수 있는 노트인 '트래블러스 노트'를 중심으로 문구류를 취급하는 숍. 가슴 설레는 문구 용품들과 만날 수 있다.

**Map** P.117-C1 나카메구로(中目黒)

🏠 메구로구 카미메구로 3-13-10
☎03-6412-7830 🕐12:00~20:00 📅화
🚇도큐 도요코선・지하철 나카메구로역 남쪽 출구에서 도보 3분

에비스・나카메구로

1. 2층 프리스페이스를 개방. 여기에 노트를 적을 수 있다.
2. 오리지널 트래블러스 블렌드(300엔)
3. 오리지널 머그(1650엔)
4. 각종 트래블러스 노트가 갖춰져 있다.

1층에서는
로스터와 추출을
견학할 수 있다.

바도
있습니다.

## 6 STARBUCKS RESERVE® ROASTERY TOKYO 17:00

오감으로 커피를 느낄 수 있는 스타벅스

스타벅스 리저브 로스터리 도쿄

로스터기가 가동하는 메인 바, 티바나TM 바, 아리비아모TM 바, 라운지 등 4개 층에서 분위기에 압도되는 커피 체험을.

**Map** P.117-C1 나카메구로(中目黒)

🏠 메구로구 아오바다이 2-19-23
☎03-6417-0202 🕐7:00~23:00
📅비정기 휴무 🚇도큐 도요코선・지하철 나카메구로역 서쪽 출구1에서 도보 1분

1. 에스프레소 마티니(2200엔)
2. 풍부한 티를 갖춘 티바나TM 바(2층)
3. 밀라노에서 탄생한 베이커리 Prin o®의 빵도 판매(1층)
4. 배럴 에이지드 콜드브루(1320엔)

'스타벅스 리저브'의 외관 디자인은 건축가 구마 겐고(隈研吾) 씨가 했다. 목재를 기조로 한 일본의 자연미를 느낄 수 있는 디자인에 주목.

# 운치가 떠도는 어른의 거리 긴자·유락초, 과거와 현재가 교차하는 거리를 산책

역사, 문화, 유행, 예술 등 모든 즐거움이 가득한 거리인 긴자와 그 옆 유락초의 매력을 카페와 숍들을 순례하며 재발견한다.

아조자 장소
생현주(生原酒)를 계량 판매

TOTAL
7시간

긴자 유락초 산책
TIME TABLE

- 11:00 무라카라마치카라관
  ↓ 도보 약 3분
- 12:00 무인양품 긴자
  ↓ 도보 약 3분
- 13:30 bills 긴자
  ↓ 도보 약 2분
- 15:00 꿀 전문점 라베이유 마츠야긴자점
  ↓ 도보 약 5분
- 15:30 GINZA SIX
  ↓ 도보 약 2분
- 17:00 피엘 마르콜리니 긴자본점

## 1 4개 도방현의 맛있는 것이 집합 11:00
# むらからまちから館
무라카라마치카라관

과자와 조미료, 향토요리까지 약 1200품목의 일본 전국 각지 특산품과 지역술이 갖춰진 안테나숍. 신선한 밀크소프트 등을 먹을 수 있는 식사 공간도 있다.

**Map** P.121-B4 유락초(有楽町)

- 🏠치요다구 유락초 2-10-1 도쿄교통회관 1층
- ☎03-5208-1521
- ⏰10:45~19:00, 일·공휴일 ~18:45
- 📅연말연시
- 🚇지하철 유락초역 D8 출구에서 도보 2분

1. 약 200종류의 지역술이 가득
2. 각종 스파클링 사케도 갖추어져 있다. 왼쪽은 효고현(兵庫県) '아와사키(あわ咲き)'(880엔)
3. 시즈오카현(静岡県) 야부키타야(やぶきた家)의 한입 양갱(각 125엔)
4. 야마가타현(山形県)의 자두와 머스캣 드라이프루츠

## 2 네 개 카테고리에서 책 코너까지 갖췄다. 12:00
# 無印良品 銀座
무인양품 긴자

총 11개 층으로 라이프스타일과 패션은 물론 다이너(→P.51)와 서적, 갤러리, 호텔까지가 하나가 된 무인양품의 세계 플래그십 스토어.

**Map** P.121-B4 긴자(銀座)

- 🏠추오구 긴자 3-3-5
- ☎03-3538-1311
- ⏰11:00~21:00
- 📅비정기 휴무
- 🚇지하철 긴자역 B4에서 도보 3분

1. 'MUJI Diner 긴자'에서는 매주 바뀌는 정식을 맛볼 수 있다.
3, 4. 1층 블렌드티 공방의 오리지널티는 선물로도 최고
5. 6층의 살롱은 숨겨진 카페 스팟

## 3 시드니에서 탄생한 유명 가게에서 애프터눈 티 13:30
# bills 銀座
빌스 긴자

시드니에서 탄생한 bills의 리코타 팬케이크가 곁들여진 애프터눈 티 세트를 맛볼 수 있는 것은 전 세계에서 오직 긴자와 오사카뿐. 긴자의 거리를 내려다보며 우아한 티타임을.

혼자서도
방문하기 좋은
카운터석

**Map** P.121-B4 긴자(銀座)

- 🏠추오구 긴자 2-6-12 Okura House 12층
- ☎03-5524-1900
- ⏰8:30~23:00 (애프터눈 티 12:00~19:00) 📅비정기 휴무
- 🚇지하철 긴자1초메역 8번 출구에서 도보 1분
- 🏠[bills 오모테산도] 시부야구 진구마에 4-30-3 도큐 플라자 오모테산도 하라주쿠 7층

1. 티세트에는 미니 리코타 팬케이크가 곁들여진다.
2. 계절 과일을 사용한, 보기에도 화려한 디저트
3. 긴자점 한정 애프터눈 티 세트 (2인 8000엔/예약 필요)

  '무라카라마치카라관'이 있는 도쿄교통회관에는 일본 전국의 안테나숍이 모여 있어 구경하는 것이 즐거웠다.(도쿄도·익명)

세계 12개국의 벌꿀을 취급한다

긴자·유락초

## 4. はちみつ專門店 ラベイユ 松屋銀座店

15:00

마츠야 긴자점

80종류 이상의 벌꿀을 갖추고 있다.

현지 매입부터 판매까지 모두 이루어지는 꿀벌 전문점. 자사 양봉장에서 채취한 도쿄 벌꿀과 마츠야 긴자 한정 긴자 벌꿀 등 오리지널 상품에도 주목.

**Map** P.121-C4  긴자(銀座)

🏠추오구 긴자 3-6-1 마츠야 긴자 B1층
☎03-3567-1211(대표)
🕙10:00~20:00
🚫연중무휴
🚇지하철 긴자역 A12 출구 직결
🏠이외 도쿄 내 8개 점포

1. 긴자 일대의 꽃에서 채취한 백화밀(百花蜜)로, 화려한 향기와 품위 있는 달콤함의 긴자 벌꿀(1728엔~)
2. 벌꿀과 과일을 합친 벌꿀 음료(1836엔~)

진한 맛에 강추

---

## 5. GINZA SIX 긴자 식스

15:30

긴자 지역 최대 규모의 복합상업시설

화제의 가게들과 일본 국내외 하이엔드 브랜드가 즐비할 뿐 아니라 옥상의 넓은 정원, 지하의 칸제노가쿠도(観世能楽堂) 등 문화·교류 시설을 겸비한 긴자 지역 최대 규모의 복합상업시설.

**Map** P.121-C4  긴자(銀座)

🏠추오구 긴자 6-10-1
☎03-6891-3390
🕙숍·카페 10:30~20:30, 레스토랑 11:00~23:00
🚫비정기 휴무
🚇지하철 긴자역 A3 출구에서 도보 2분

종류별 판매와 병으로도 있습니다.

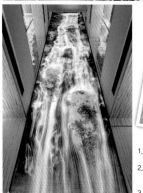

1. 일본 전통 건축 요소를 도입한 내부
2. 퍼블릭 아트에도 주목, 사진은 팀랩(teamLab)의 디지털 아트 작품
3. 약 4000m2의 옥상정원. GINZA SIX 가든

---

## 6. ピエール マルコリーニ 銀座本店

17:00

피에르 마르콜리니 긴자본점

벌꿀에 왕실 납품 쇼콜라티에

엄선된 최고의 카카오와 그 향을 느낄 수 있는, 유일무이한 초콜릿 디저트를 맛볼 수 있다. 해외 점포 중에서도 카페를 병설한 곳은 일본뿐. 계절 한정 메뉴를 즐기기 위해 방문하는 팬도.

**Map** P.121-C3  긴자(銀座)

🏠추오구 긴자 5-5-8
☎03-5537-0015  🕙11:00~19:00
🚫연말연시
🚇지하철 긴자역 B5 출구에서 도보 3분

1. 드립 커피(단품/770엔)
2. 마르콜리니 초콜릿 파르페 1760엔(커피 세트 2310엔)
3. 1층은 숍. 2~3층은 카페 공간

---

# '쁘띠 파리' 가구라자카에서
# 골목골목 미식 산책

운치 가득하고 세련된 가구라자카는 미식의 보고(寶庫)이자
이국 감성이 감도는 거리.
시간 여행을 하는 듯한 골목 산책을 즐기며,
화제의 디저트 가게부터 프랑스 유명 점포까지 만나 보자.

**TOTAL 4시간 30분**

## 가구라자카 산책
### TIME TABLE

| | |
|---|---|
| **11:00** | AKOMEYA TOKYO in la kagū |
| ↓ 도보 약 3분 | |
| **11:45** | ACHO 가구라자카 |
| ↓ 도보 약 2분 | |
| **12:00** | Aux Merveilleux de Fred 가구라자카점 |
| ↓ 도보 약 3분 | |
| **13:00** | 코판 |
| ↓ 도보 약 10분 | |
| **13:30** | 르 브르타뉴 가구라자카점 |
| ↓ 도보 약 3분 | |
| **15:00** | MAKANAI 가구라자카 본점 |

## 1 서울로 테마로 한 라이프스타일 숍 `11:00`
# AKOMEYA TOKYO in la kagū
아코메야 도쿄 인 라 카구

쌀을 중심으로 식품·잡화를 취급
한다. 자사 개발 오리지널 상품도
많고, 품질이 좋아 팬이 많다. 가
마솥에 지은 흰쌀밥과 함께 일
식을 제공하는 식당 병설.

**Map** P.123–A1 가구라자카(神楽坂)

🏠 신주쿠구 야라이초 67
☎ 03-5946-8241(점포), 03-5946-8243(식사)
🕐 11:00~20:00
📅 연중무휴
🚇 지하철 가구라자카역 2번 출구 근방
🏠 이외 도쿄 내 6개 점포

그 외 두
식가류도 판매하고
있어요.

1. 널찍한 내부. 1층은 식품이 메인
2. 밝고 깨끗한 느낌의 'AKOMEYA 식당'
3. 호지차 한천 찹쌀경단 안미츠(980엔)
4. '재료의 맛 그대로' 도미 영양밥의 원료(1512엔)
5. 모기장천 행주(각 605엔)
6. 아코메야 육수 된장국 & 육수 각 5종 세트(3888엔)
7. 키슈 난코바이(紀州南高梅) 날치 육수 매실, AKOMEYA TOKYO(648엔)
8. 진한 버터 치킨 카레(648엔)

## 2 사르르 녹는 식감의 일품 푸딩
# ACHO 神楽坂 `11:45`
아초 가구라자카

지양란(地養卵)의 노른자만을 사용한 진
한 맛의 바닐라 킹(421엔) 등 부드럽고 크
리미한 푸딩이 인기인 작은 디저트 가게.

**Map** P.123–A1 가구라자카(神楽坂)

🏠 신주쿠구 야라이초 103
☎ 03-3269-8933
🕐 11:00~19:00, 토·일·공휴일 ~18:00
📅 화, 첫째·셋째 주 수요일
🚇 지하철 가구라자카역 2번 출구에서 도보 2분

유명한 푸딩

1. 홍차와 코냑을 사용한 푸딩도 있다.
2. 말린 과일과 견과류를 초콜릿과 합친 초코락(각 626엔)

갓 구운 것을
맛보세요

## 3 `12:00`
### 북프랑스의 전통 과자에 감탄
# Aux Merveilleux de Fred 神楽坂
오 메르베이유 드 프레드 가구라자카

북프랑스에서 탄생한 가게. 폭신한
식감의 머랭 과자인 메르베이유
(→P.24)가 대표 상품. 커다란 브리
오슈 반죽의 빵인 크라미크 등도
즐길 수 있다.

DATA는 → **P.24**

1. 메르베이유 만
드는 모습을
볼 수 있다.
2. 메르베이유가
들록 들어간
오리지널 음료
(750엔)
3. 각종 메르베이
유
4. 위는 크라미크,
아래는 크루아
상

여기 신사
赤城神社

神楽坂駅
가구라자카역

동즈계
효고 & 쿄쿄

이다바시역
飯田橋駅

카루코자카
軽子坂

가
구
라
자
카

코보짱(コボちゃん)
동상이 있다.

牛込神楽坂駅
우시고메가구라자카역

毘沙門天
善國寺
비사몬텐
젠코쿠지

神楽坂通り
가구라자카도리

---

## 4 コパン 코판

13:00

지역에서 사랑받는 찻집의 명물 슈크림

약 40년 전부터 대대로 내려온 레시피의 슈크림이 대명사. 커스터드와 생크림 2단 구성의 절묘한 달콤함이 멈출 수 없게 한다!

1. B.L.T.E 샌드 세트(690엔)
2. 가구라자카 슈크림(280엔)은 테이크아웃 가능

옛날 그대로의 전자광입니다.

### 가구라자카가 '쁘띠 파리'라고 불리는 이유는.

1952년, 문화교류 기관인 도쿄일불학원(東京日仏学院) (현재는 앙스티튜 프랑세 도쿄)이 이곳에 설립된 것이 시작. 근처에 프랑스인 학교가 있어 커뮤니티가 형성되었다. 돌계단으로 된 골목 안에 프랑스 음식점과 카페가 눈에 띄는 풍경은 그야말로 파리?

---

### 이웃한 브르타뉴의 특산품을 살 수 있다.

여기도 가보자!

브르타뉴 특산품이 가득, 비스킷, 캐러멜 크림, 버터, 사과주 등 사고 싶은 것이 가득.

#### レピスリールブルターニュ
레피스리 르 브르타뉴

(주소) 르 브르타뉴와 동일
☎03-5229-3504 ⏰11:00~20:00

DATA는 → P.33

1. 소금버터 비스킷 등의 모듬
2. 사과주의 종류는 압권

걸치 세트 추천

1. 앞쪽은 생햄과 계란, 치즈 갈레트(1390엔), 뒤쪽은 수제 소금캐러멜소스의 크레이프. 평일 점심시간에는 샐러드, 사과주를 곁들인 갈레트 세트로(1580엔~)
2. 프랑스에서 들여온 그림들과 인테리어 용품들

---

## 5 ルブルターニュ 神楽坂店
르 브르타뉴 가구라자카점

13:30

본고장 갈레트와 사과주로 점심을

프랑스인 오너가 오픈한 정통 갈레트와 크레이프 가게. 유럽 직수입 식재료를 이용한 풍부한 종류의 갈레트를 사과 발효주와 함께.

**Map** P.123-A1  가구라자카(神楽坂)

🏠신주쿠구 가구라자카 4-2
☎03-3235-3001
⏰11:30~22:30(L.O.), 토·일·공휴일 11:00~22:00(L.O.)
🚫연말연시 👍권장
🚇지하철 이다바시역 B3 출구에서 도보 5분

---

## 6 MAKANAI 神楽坂本店
마카나이 가구라자카본점

15:00

지역에서 비롯한 일본 인기 화장품 매장

카나자와(金沢)의 금박(金箔)집이 뿌리인 스킨케어 브랜드. 자연 유래 성분, 용기와 패키지까지 엄선하여 피부에도 환경에도 친화적인 용품을 전개.

**Map** P.123-A2  가구라자카(神楽坂)

🏠신주쿠구 가구라자카 3-1
☎03-3235-7663 ⏰12:00~19:00, 토 10:30~20:00
🚫비정기 휴무
🚇지하철 이다바시역 B4a 출구에서 도보 4분
🏠신주쿠구 니시신주쿠 1-1-3 오다큐백화점 신주쿠점 본관 2층

1. 일본스런 분위기
2. 금박을 배합한, 매끈하고 촉촉한 미용오일이 인기 아이템

---

프랑스 브르타뉴 지방의 향토요리 '갈레트'는 메밀가루를 이용한 크레이프이다. 계란·햄·치즈를 조합한 것이 대표적.

# 디저트의 거리, 지유가오카에서 해피해질 수 있는 달콤한 과자 헌팅!

유명 가게들이 늘어선 지유가오카는 디저트를 먹으며 걷기에 안성맞춤. 자신에 대한 선물로 디저트를 즐겨 보자!

**TOTAL 6시간**

## 지유가오카 산책
### TIME TABLE

- **10:00** 빵과 에스프레소와 자유형
  - ↓ 도보 1분
- **11:30** Sunset Coffee Jiyugaoka
  - ↓ 도보 1분
- **12:00** TODAYS SPECIAL Jiyugaoka
  - ↓ 도보 4분
- **13:00** HiO ICE CREAM Atelier 지유가오카
  - ↓ 도보 4분
- **13:30** TWG Tea Salon & Boutique Jiyugaoka
  - ↓ 도보 2분
- **15:00** 지유가오카 몽블랑

## 1 갓 구운 빵을 먹을 수 있는 카페 — 10:00
# パンとエスプレッソと自由形
### 빵과 에스프레소와 자유형

같은 건물 1층에 있는 베이커리 '난토카 프레스'의 빵과 오리지널 식빵 '무(ムー)'를 사용한 디저트, 5식 한정 브런치 세트 등을 즐길 수 있는 카페.

**Map** P.122-C1 　지유가오카(自由が丘)

🏠 메구로구　지유가오카 2-9-6 Luz 지유가오카 3층
☎ 03-3724-8118
🕐 10:00~19:00, 토·일·공휴일 9:00~
🚃 도큐 도요코선·오이마치선 지유가오카역 북북 출구에서 도보 6분
🏠 [난토카 프레스] 메구로구 지유가오카 2-9-6 Luz 지유가오카 1층

> 브런치 세트는 미리 예약 추천!

1. 무(ムー) 티라미수, 델리 등을 담은 브런치 세트(1000엔)
2. 테라스석도 있다.
3. 구름 같은 아이스 카푸치노(550엔)
4. 구름을 이미지한 인테리어에도 주목

오리지널 컵받침

## 2 멋진 커피 스탠드 — 11:30
# Sunset Coffee Jiyugaoka
### 선셋 커피 지유가오카

가장 인기인 선셋 블렌드는 커피를 한손에 들고 지유가오카 산책을 즐길 수 있게 뜨거워도 차가워도 모두 맛있는 커피를 추구. 달콤함과 감귤류의 풍미가 상쾌. 구움과자도 맛있다.

**Map** P.122-B1 　지유가오카(自由が丘)

🏠 메구로구 지유가오카 1-26-14
☎ 03-5726-9203
🕐 10:00~17:00, 토·일 11:00~18:00
📅 연중무휴
🚃 도큐 도요코선·오이마치선 지유가오카역 북쪽 출구에서 도보 5분

1. 왼쪽은 오렌지 파운드케이크(350엔), 오른쪽은 플레인 머핀(400엔). 구움과자의 맛은 며칠 간격으로 바뀐다.
2. 핫커피(400엔~), 카페라떼(550엔~). 50엔을 추가해 디카페인으로 변경 가능

미도리쇼도리
緑小通り

すずかけ通り
스즈카케도리

自由通り
지유도리

지유가오카역
自由が丘駅

Sunset Coffee

COFFEE

## 3 생활이 즐거워지는 아이템들이 가득 12:00
# TODAY'S SPECIAL Jiyugaoka
투데이스 스페셜 지유가오카

'음식과 생활의 DIY'가 테마인 셀렉트숍. 키친용품, 식품, 인테리어 잡화 등 일상에 다가가는 물건들이 가득하다. 분명 있었던 것 같은데 없었던 그런 일용품들을 구할 수 있다.

**Map** P.122-B1 지유가오카(自由が丘)
🏠메구로구 지유가오카 2-17-8 1층, 2층
☎03-5729-7131
🕐11:00~20:00
🚫비정기 휴무
🚇도큐 도요코선 · 오이마치선 지유가오카역 정면 출구에서 도보 4분
🏠이외 도쿄 내 3개 점포

1. 오리지널 쿠키. 왼쪽은 프랑부아즈(702엔), 오른쪽은 바닐라(627엔)
2. 오리지널 드라이프루츠(486엔~)
3. 손글씨 느낌의 폰트가 귀여운 오리지널 마르쉐백(880엔~)

우아한 음악이 흐르는 티 살롱

## 4 엄선된 재료로 만든 아이스크림 13:00
# HiO ICE CREAM Atelier 自由が丘
히오 아이스크림 아틀리에 지유가오카

생산자가 누구인지 알 수 있는 재료로 엄선하여 향료와 착색료 없이 만든 수제 아이스크림(싱글/464엔). 재료의 맛을 느끼는 일품 아이스크림은 테이크아웃도 가능.

**Map** P.122-C1 지유가오카(自由が丘)
🏠세타가야구 오쿠사와 7-4-12
☎03-6432-1950
🕐토 · 일 · 공휴일 13:00~18:00 (12~3월 ~17:00)
🚫월~금
🚇도큐 도요코선 · 오이마치선 지유가오카역 정면 출구에서 도보 7분

내부에 있는 공방에서 만들고 있어요

Welcome to HiO ICE CREAM

1. 비에이(美瑛) 싱글오리진 밀크와 플럼 샤베트
2. 오른쪽 플로랄 초콜릿과 살구 우유. 아이스크림콘도 수제

## 5 13:30
취향대로 티 블렌드의 티 부티크 & 살롱
# TWG Tea Salon & Boutique Jiyu-gaoka
티더블유지 티 살롱 & 부티크 지유가오카

싱가포르에서 탄생한 티 브랜드. TWG Tea 지유가오카에만 있는 티 살롱에서는 향기 높은 차는 물론 차를 사용한 디저트 등을 맛볼 수 있다.

**Map** P.122-C1 지유가오카(自由が丘)
🏠메구로구 지유가오카 1-9-8
☎03-3718-1588
🕐티 살롱 11:00~21:00 (L.O./식사 19:30, 음료 &디저트 20:00), 부티크 10:00~21:00
🚫1/1, 비정기 휴무
🚇도큐 도요코선 · 오이마치선 지유가오카역 남쪽 출구 근방
🏠이외 도쿄 내 3개 점포

TWG Tea 일본 상륙 10주년을 기념해 만들어진 일본 한정 셀레브레이션 티 세트 (7020엔)

## 6 15:00
일본 몽블랑의 시초인 양과자점
# 自由が丘モンブラン
지유가오카 몽블랑

1933년 오픈한, 지유가오카 양과자 가게들을 대표하는 유명 점포. 일본에서 최초로 몽블랑을 판매한 가게로 유명하며 정성껏 만든 양과자로 팬층이 두텁다.

**Map** P.122-C1 지유가오카(自由が丘)
🏠메구로구 지유가오카 1-29-3
☎03-3723-1181
🕐차 마시기 11:00~18:00 (L.O. 17:30), 판매 ~19:00
🚫1/1, 비정기 휴무
🚇도큐 도요코선 · 오이마치선 지유가오카역 정면 출구 근방

1. 4단으로 이루어진 진한 지유가오카 푸딩(450엔)
2. 간판 상품인 지유가오카 몽블랑(720엔)

엄선된 재료사용

# 숲과 물가에 기분 좋다!
# 기요스미시라카와의
# 개성파 카페와 아트를 만끽하자

레트로
fukadaso
CAFE

창고를 리노베이션한 카페와 갤러리들이 모인 '커피와 아트의 거리'.
카페와 미술관은 물론 잡화 찾기와 수제 맥주까지 만끽!

**TOTAL 6시간**

기요스미시라카와 산책
**TIME TABLE**

- `10:00` 도쿄도현대미술관
  ↓ 도보 12분
- `12:00` POTPURRI
  ↓ 도보 3분
- `12:30` HOZON
  ↓ 도보 8분
- `13:00` fukadaso CAFE
  ↓ 도보 금방
- `14:15` 과학실 증류소
  ↓ 도보 10분
- `15:00` PITMANS

①③②: Kenta Hasegawa

1. 일본 최대급의 넓이
2. 안에는 '2층의 샌드위치(→P.76)의 테라스 좌석이 있다.
3. 숍에서 판매하는 컬러풀한 키홀더

## 1 東京都現代美術館
도쿄도 현대미술관

기획전의 테마가 다채로운 뮤지엄

`10:00`

뮤지엄
용도
check!

건물의 디자인, 내부 시설까지 알미울 정도로 스타일리시. 현대미술 컬렉션 약 5,500점을 회기마다 테마에 맞춰 전시. 특색 넘치는 기획전에도 주목하자.

**Map** P.123-B2 기요스미시라카와(清澄白河)

- 🏠고토구 미요시 4-1-1
- ☎050-5541-8600(안내 대행 서비스)
- 🕙10:00~18:00 (전시장 마지막 입장 17:30)
- 🈴월 휴무
- 🚇지하철 기요스미시라카와역 B2 출구에서 도보 9분, A3 출구에서 도보 13분

## 2 POTPURRI
풋퍼리

지역에서 탄생한 도자기 메이커

`12:00`

생활을 풍요롭게 하는 식기와 생활잡화 점포. 장인의 전통 기술과 오리지널 디자인을 합쳐 창작한 식기는 심플하면서도 따스함이 있어 오래 애용할 수 있다.

**Map** P.123-B2
기요스미시라카와(清澄白河)

- 🏠고토구 시라카와 2-1-2
- ☎03-5875-8935
- 🕙11:00~12:30,
  13:30~19:00, 토·일·공휴일 11:00~19:00
- 🈴월 (공휴일인 경우 다음날 휴무)
- 🚇지하철 기요스미시라카와역 B2 출구에서 도보 3분, A3 출구에서 도보 5분

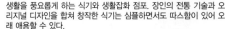

1. 컵 & 소서(접시)(4950엔)과 티 포트(6600엔)
2. 부드러운 곡선 형태의 커피컵(1925엔)과 포트(4400엔)
3. 무광택 머그컵은 수프컵으로도(1760엔)
4. 사랑스러운 케이크 접시(2200엔)

하신료가 들어간 사도번차(佐渡番茶)차이(티백)

## 3 HOZON
호존

만드는 사람이 보이는 보존식품 전문점

`12:30`

일본 전국에서 모인 엄선된 보존식이 가득하다. 자연의 축복이 넘치는 사도가시마(佐渡島)의 재료를 이용한 수제 잼과 오일 절임류가 인기. 시럽 음료는 2층에서 마실 수 있으며 테이크아웃도 가능.

**Map** P.123-B2
기요스미시라카와(清澄白河)

- 🏠고토구 미요시 2-13-3
- ☎03-6873-3526 🕙11:00~18:00
- 🈴월 (공휴일인 경우 다음날 휴무)
- 🚇지하철 기요스미시라카와역 B2 출구에서 도보 3분, A3 출구에서 도보 5분

1. 건조식품과 조미료 등이 설명서와 함께 진열되어 있다.
2. 과육이 듬뿍 담긴 상그리아 원료(1188엔)
3. 감자샐러드에 어울리는 양파(562엔)
4. 에히메(愛媛) 이마이치수산(今市水産)의 시라초비(멸치 올리브오일 절임)(972엔)
5. 30종류 이상의 과일시럽

'HOZON'에서 '감자샐러드에 어울리는 양파'를 구매했어요. 식초가 들어가 달콤새콤하게 구운 고기나 튀김과도 잘 어울립니다. (가나가와현·Yu)

# 4 fukadaso CAFE

마음을 사로잡는 세련미넘치는 카페

후카다소 카페

**13:00**

원래는 지은 지 50년 된 목재 연립주택 겸 창고. 1층의 창고 구조를 활용하여 골동품과 조합한 멋진 카페로 재탄생. 팬케이크와 푸딩 등 수제 디저트도 매력적.

**Map** P.123-B1
기요스미시라카와(清澄白河)

🏠 고토쿠 히라노 1-9-7 후카다소 101
📅비공개 🕐13:00~18:00 🈹화·수
🚇지하철 기요스미시라카와역 A3 출구에서 도보 5분

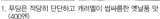

1. 푸딩은 적당히 단단하고 캐러멜이 쌉싸름한 옛날풍 맛
2. 치즈케이크(400엔)와 카페라떼(530엔)
3. 4. 엔틱 가구와 아트로 레트로 분위기와 조화롭다.

기요스도코리 옆의 '기요스미 굿즈 주택(清澄長屋)'

기요스미바시

화장수사 오상을 두기 좋은 병

**清澄白河駅**
기요스미시라카와역

후카가와 **深川**
에도 **江戸**
자료관 **資料館**

**清洲橋通り**
기요스미바시도리

**清澄公園**
기요스미 공원

**清澄庭園**
기요스미 정원

리카시츠
リカシツ
P.107

블루보틀 커피
기요스미시라카와 플래그십 카페
ブルーボトルコーヒー
清澄白河フラッグシップカフェ
P.59

키바 공원
**木場公園**

미츠메도리
三ツ目通り

---

# 5 理科室蒸留所

실험실 같은 매장에서 만드는 콜드브루 커피

과학실 증류소

**14:15**

과학·의료용 글라스 제조회사가 오픈한 증류 컨셉 음료점. 콜드브루 커피와 생강을 증류한 진저 소다 등을 판매.

1. 이화학 장인이 손수 만든 콜드브루 커피 장치
2. 가운데는 콜드브루 커피, 오른쪽은 달지 않은 증류 진저 소다(400엔~)

**Map** P.123-B1 기요스미시라카와(清澄白河)

🏠 고토쿠 히라노 1-13-12
☎03-3641-8891 🕐12:00~16:00
📅홈페이지 참고
🚇지하철 기요스미시라카와역 A3 출구에서 도보 5분
🏠[리카시츠] 고토쿠 히라노 1-9-7 후카다소 102 (URL) distillery.rikashitsu.jp

여기도 가보자!

## 이화학 글라스 인테리어의 잡화점 '리카시츠'

과학실 증류소와 도로를 사이에 두고 건너편에 있는 지매점이다. 비카와 플라스크, 시험관 등 이화학 글라스 제품을 멋진 인테리어와 실용품으로 제안.

**Map** P.123-B1 기요스미시라카와

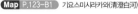

---

# 6 PITMANS

스미다가와 뷰 테라스에서 늦은 점심

피트만스

**15:00**

**DATA →** P.45

스미다가와 옆 쉐어호텔 2층에 있는 점포. 전망 좋은 우드데크 테라스에서 양조장 직송 수제 맥주와 아메리칸 그릴 요리를 즐길 수 있다.

한 잔 한 잔 정성껏 만듭니다.

1. 엄선한 원두를 사용한 커피도 가게의 자랑 (카페라떼/650엔)
2. 텍사스 폴드 포크 버거 런치 (1400엔)는 매콤하고 볼륨감 있다.
3. 강바람이 기분 좋다.

---

# 운치 가득한 거리를 한가로이
## 야네센의 고민가 카페 & 숍 순례

여유를 느끼며 걸어 보자

옛 정취가 남아 있는 야네센(谷根千)은 고민가를 개조한 카페와 숍이 많은 지역. 명물이라고도 할 수 있는 고양이 굿즈와 디저트를 즐기며 여유롭게 산책.

TOTAL 5시간 30분

### 야네센 산책
### TIME TABLE

- **12:00** HAGISO
  ↓ 도보 2분
- **13:15** 야나카 싯포야
  ↓ 도보 10분
- **13:40** 카페 네코에몬
  ↓ 도보 금방
- **14:30** 카이운 야나카도
  ↓ 도보 5분
- **15:00** 야나카 비어홀
  ↓ 도보 12분
- **17:00** 네즈의 빵

---

## 1 목조연립을 개조한 카페
# HAGISO 12:00
하기소

1955년 건축된 목조 연립주택이 대학생들의 쉐어하우스를 거쳐 아트 및 문화 복합시설로. 1층 카페는 색다름을 더한 요리를 비롯해 무화과 치즈케이크와 파르페로 호평.

1. 소금에 절인 레몬이 포인트인 고등어 샌드가 인기 메뉴(870엔). 커피는 핸드드립
2. 오픈 천장 상부는 아파트의 자취가 남아 있다.
3. 2층은 바디케어 살롱과 숙박시설 hanare의 안내 데스크가 있다.
4. 내추럴한 카페 공간

**Map P.122-B2** 야나카(谷中)
- 🏠 다이토구 야나카 3-10-25
- ☎ 03-5832-9808
- 🕐 조식 8:00~10:30(L.O. 10:00), 카페 12:00~20:00, 금·토 ~21:00
  ※ 식사 라스트오더는 폐점 1시간 전. 음료·디저트는 30분 전
- 🚫 비정기 휴무 (SNS 확인 필요)
- 🚇 지하철 센다기역 2번 출구, JR 닛포리역 서쪽 출구에서 도보 5분

목고동어 계단 위의 바디케어 살롱

---

## 2 13:15
### 귀여운 구움도너츠 선물로
# やなかしっぽや
야나카 싯포야

고양이 꼬리 모양 구움도넛은 일본산 밀가루와 사탕수수를 사용한 수제품. 초코와 바나나크림, 소금캐러멜 등 10종류 이상이 있다. 부드러운 맛으로 간식 및 아침 식사에 Good!

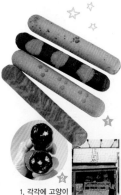

1. 각각에 고양이 이름이 붙어 있다.
2. 가장 인기인 '토라'는 코코아 반죽에 화이트초코칩이 들어있다.(130엔)

**Map P.122-B2** 야나카(谷中)
- 🏠 다이토구 야나카 3-11-12
- ☎ 03-3822-9517
- 🕐 10:00~18:00, 토·일·공휴일 ~19:00
- 🚫 월 (공휴일인 경우 다음날 휴무)
- 🚇 지하철 센다기역 2번 출구, JR 닛포리역 서쪽 출구에서 도보 5분

---

*지도 영역*

야나카긴자 상점가 谷中銀座商店街

夕やけだんだん 유야케 단단

口 白暮里駅 닛포리역

千駄木駅 센다기역

三崎坂 산사키자카

不忍通り 시노부즈도리

야나카 공원묘지 谷中霊園

고양이가 배지로 있어요~

야나카의 랜드마크 히말라야삼나무

言問通り 코토토이도리

根津駅 네즈역

카페 네코에몬, 야나카도가 있는 고민가

---

📧 'HAGISO'의 아침 메뉴인 '여행하는 조식'은 지역 한정 특산물과 식재료로 만든 일본 정식. 여행 기분을 느낄 수 있습니다. (도쿄도·익명)

# 3 13:40

## 고양이 디저트도, 그림 그리기 체험도
# カフェ猫衛門
카페 네코에몬

'카이운 야나카도'(→오른쪽)의 자매점. 고양이를 모티프 한 케이크와 푸딩은 인스타 사진용 귀여움. 복고양이 그림 그리기에도 도전!

**Map** P.122-C2 야나카(谷中)

🏠다이토구 야나카 5-4-2
☎03-3821-0090 🕐11:00~18:00
🈺월 (공휴일인 경우 다음날 휴무)
💬색칠 체험은 예약 권장
🚃지하철 센다기역 1번 출구에서 도보 6분

그럼, 그리기에 도전!

1. 앞쪽은 흰고양이 레어치즈, 뒤쪽은 검은줄 무늬고양이 에클레어(각 330엔)
2. 논알코올 상그리아(715엔)
3. 새하얀 복고양이를 펜으로 자유롭게 채색하는 체험은 음료·과자와 함께(2200엔~)

날씨가 좋다 냥

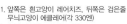

---

# 4 14:30

## 오리지널 복고양이가 가득
# 開運谷中堂
카이운 야나카도

지은 지 약 90년 된 공동주택을 개조한 복고양이 숍. 다양한 종류의 복고양이는 모두 작가가 손으로 그린 온리원 작품. 행운을 불러오는 제품과 간지(干支)소품도 있다.

**Map** P.122-C2 야나카(谷中)

🏠다이토구 야나카 5-4-3
☎03-3822-2297
🕐10:30~17:30 🈺월(공휴일인 경우 다음날 휴무)
🚃지하철 센다기역 1번 출구에서 도보 6분

야네센

1. 366개가 각각 모두 다른 생일 스트랩(1개/880엔). 선물로도 인기
2. 손수건 등의 굿즈도 있다. 복주머니(각 660엔)
3. 간지(干支) 모자(각 1320엔)
4. 돈도 사람도 부르는 복고양이 한 쌍

---

# 5 15:00

## 쇼와(昭和) 분위기의 고민가에서 느긋하게
# 谷中ビアホール
야나카 비어홀

1938년 건축된 골목에서 이어진 3채의 집 중 첫 번째가 이 점포. 쇼와 초기의 분위기를 간직하며, 야나카를 이미지하여 만들어 낸 오리지널 수제 맥주. 맥주에 어울리는 안주도 맛있다.

DATA는 → P.48

상시 8종류의 수제 맥주를 제공. 사진은 맛을 비교할 수 있는 테이스팅 세트(147엔)

점주 요시다(吉田) 씨

병맥주도 있습니다.

1. 옛 건물에 어울리는 가구를 비치
2. 야나카생강과 원통형 어묵의 유자소스(550엔)

---

## 야네센(谷根千)이란?

분쿄구(文京区), 다이토구(台東区)에 위치한 야나카(谷中), 네즈(根津), 센다기(千駄木) 지역을 가리키는 총칭. 원래는 지역 잡지의 약칭이었으나 운치 있는 세 지역의 인기가 높아짐에 따라 이 명칭이 정착되었다.

---

# 6 17:00

## 밀의 풍미가 향기로운 소박한 빵
# 根津のパン
네즈의 빵

지역의 사랑받는 빵

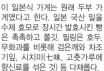

이 일본식 가게는 원래 두부 가게였다고 한다. 일본 국산 밀을 수제 효모로 장시간 발효시킨 빵은 촉촉하고 쫄깃. 필링은 호두, 무화과를 비롯해 검은깨와 차조기잎, 시치미(七味), 고춧가루에 향신료를 섞은 것) 등 다채롭다.

호밀빵, 차조기잎 치즈 베이컨에피 등 모든 재료가 씹을수록 감칠맛이 퍼진다. 참깨 건포도 팡드미(560엔)는 토스트 하면 더욱 향긋하다.

**Map** P.122-C2 네즈(根津)

🏠분쿄구 네즈 2-19-11
☎없음
🕐10:00~19:00
🈺월·목
🚃지하철 네즈역 1번 출구에서 도보 1분

---

사찰 마을이라고 불리는 야나카. 원래 사찰이 많은 데다가 에도막부의 밀집완화책으로 중심부의 절이 야나카로 이전되어 이 지역에 집중되었다.

# 전통과 모던이 어우러진 구라마에
## 멋진 카페에서
## 디저트 삼매경

스미다가와 연상케한 가운

옛날부터 물건 만들기 거리였던 스미다가와 주변 경관 덕분에
'도쿄의 부르클린'이라고 불리는 구라마에. 산책 인기가 날로 높아져 가는 거리에서
개성 가득한 카페와 디저트 가게를 순례하자.

TOTAL
5시간 30분

구라마에 산책
TIME TABLE

11:00 from afar
↓ 도보 5분
12:15 과자가게 시노노메
↓ 도보 1분
12:30 CAMERA
↓ 도보 3분
13:30 NAKAMURA TEA LIFE
STORE
↓ 도보 1분
14:15 DANDELION CHOCOLATE
↓ 도보 5분
15:30 en cafe

## 1 from afar 11:00
프롬 어파

인쇄공장을 리모델링해서 탄생한 레트로 카페

다와라마치역 근처에 있는 널찍한 점포. 목제 가구와
커피의 좋은 향기에 둘러싸여 호화로운 한때를 보낼
수 있다. 향 좋은 커피는 계절 타르트
나 클래식 푸딩과 즐기고 싶다.

**Map** P.123-C2
다와라마치(田原町)

🏠다이토구 코토부키 2-5-12
1층 📷비공개
⏰11:00~19:00
(L.O. 18:30)
🈳연중무휴 🈲불가
🚇지하철 다와라마치역 1번
출구에서 도보 2분

1. 서로 다른 소파와 의자, 테이블을 세팅
2. 이마리 도자기(伊万里焼)와 윌리엄 모리스 컵 &
소서(접시)로 제공

푸딩(왼쪽,
500엔)은 계란
의 풍미가 농후.
뒤쪽은 호지차 테
린 쇼콜라

## 2 12:15
갓 구운 마들렌과 스콘을 사러 가자!

# 菓子屋シノノメ
과자가게 시노노메

'from afar'(↑위)의 계열점
인 구움과자 전문점. 내부
의 공방에서 수작업으로
만들어진 쿠키와 스콘, 파
운드케이크는 계절에 따라
다르지만 상시 10종류 이
상.

**Map** P.123-C2
구라마에(蔵前)

🏠다이토구 구라마에 4-31-11
📷비공개 ⏰12:00~19:00
🈳수 🚇지하철 구라마에역 A5 또
는 A6 출구에서 도보 3분

1. 오픈 직전에 갓 구운 빵이 진열된다.
2. 향긋하고 만족감 있는 '플로렌틴'(400엔)은 유명 메뉴
3. 전립분이 들어간 스콘

작은 방에서
즐거움을
발견하세요

1. 구움과자 브랜드의 오너 미와코(ミワコ) 씨
2. 질 좋은 소재를 사용한 가방(2만 7000엔)과 지갑
3. 점포 안쪽이 카페 공간
4. 스팸 김밥도 인기

## 3 12:30
구움과자와 가죽제품의 점포

# CAMERA
카메라

'작은 방'을 의미하는 라틴어
camera가 점포명의 유래.
내부에는 수작업을 고집하는
구움과자와 가죽제품이 위화
감 없이 공존. 메뉴에는 원플
레이트 밥과 토스트도.

**Map** P.123-C2 구라마에(蔵前)

🏠다이토구 구라마에 4-21-8
☎03-5825-4170
⏰11:00~17:00
🈳월
🚇지하철 구라마에역 A4, A5, A6 출
구에서 도보 5분

왼쪽은 바나나 초코
칩 스콘(385엔)
커피는 강배전으로

📧 'from afar'의 세계관에 잠기려면 한산한 평일이 좋다. 주말은 웨이팅이 있는 경우도. (도쿄도 · sup)

차를 우리는 방법에 따라 향기가 많이 변합니다.

## 4 좋은 품질의 차를 시음하고 구입 13:30
# NAKAMURA TEA LIFE STORE
나카무라 티 라이프 스토어

시즈오카현(静岡県) 후지에다시(藤枝市)의 차 농가 나카무라야(中村屋)가 정성을 담아 무농약 유기 재배한 차. 단일 차밭마다 제품화하는 싱글오리진 일본차. 찻잎을 고르는 방법과 우리는 방법도 조언해 준다.

DATA는 → P.61

1. 시음해 보며 좋아하는 차를 발견하자
2. 왼쪽부터 그해에 처음 딴 차를 사용한 호지차, 줄기 호지차, 줄기차(각 100g/939엔~)
3. 추천 상품 센차(煎茶) 'Garden No.02' 캔 (100g/2160엔). 캔의 디자인도 멋스럽다.

田原町駅
다와라마치역

浅草通り
아사쿠사도리

浅草
↗
아사쿠사

국제거리
国際通り

코쿠사이도리

江戸通り
에도도리

구라마에

春日通り
카스가도리

都営
大江戸線
蔵前駅
토에이 오에도선
쿠라마치역

廐橋
우마야바시

都営浅草線
蔵前駅
토에이 아사쿠사선
쿠라마에역

세이카 공원
精華公園

스미다가와
隅田川

예술 같은 우마야바시 공중화장실

## 5 Bean to Bar의 단델리온 14:15
# DANDELION CHOCOLATE
단델리온 초콜릿

카카오콩 구입부터 제조까지 모두 이루어지는 Bean to Bar 초콜릿 전문점. 공장이 병설된 카페에서 싱글오리진의 개성 풍부한 초콜릿을 즐길 수 있다.

Map P.123-C2 구라마에(蔵前)

🏠다이토구 구라마에 4-14-6
☎03-5833-7270 ⏰11:00~18:00
🚫비정기 휴무 🚫불가
🚇지하철 구라마에역 A3 출구에서 도보 3분

1. 마시멜로에 가나슈를 넣은 스모어(550엔)
2. 구라마에 핫초콜릿(690엔)
3. 싱글오리진 카카오콩과 사탕수수만으로 만들어진 초콜릿바 (1296엔~)
4. 2층의 카페 공간

화이트초코무스 스펠 비쥬(720엔)와 카페라떼

원하는 층을 골라 보자

3층

디자인이 돋보이는 가구를 여유롭게 배치. 여유를 즐기려면 3층을 권장.

2층

2층

나무의 온기가 느껴지는 인테리어. 2층에는 좌식도 있다. 1층은 스탠드 형식.

## 6 마음에 드는 차를에서 여유롭게 휴식을 15:30
# en cafe 엔 카페

Map P.123-C2 구라마에(蔵前)

구라마에역 근방에서 여유롭게 차 한 잔 즐기기 안성맞춤.
서로 다른 구조의 3개 층과 더불어 개방적인 옥상 공간이 있으며, 파우더룸과 베이비룸도 완비. 수제 디저트도 맛있다.

🏠다이토구 구라마에 2-6-2
☎03-5823-4782
⏰11:00~19:00(L.O. 18:00), 토·일·공휴일 10:00~20:00(L.O. 19:00) ※1층 커피 스탠드 8:00~19:00
🚫연중무휴
🚇지하철 구라마에역 A2 또는 A4 출구에서 도보 1분

평상시에는 샌드위치도

'DANDELION CHOCOLATE'의 구라마에 핫초콜릿은 'NAKAMURA TEA LIFE STORE'(→위)의 호지차로 향을 낸 구라마에 한정품.

# 니시오기쿠보·기치조지를 걸으며
# 특색 넘치는 카페 찾기!

최근 몇 년간 멋진 카페와 숍이 급증하고 있는 니시오기쿠보와 '살고 싶은 거리' 순위에 항상 드는 기치조지를 산책하며 개성이 빛나는 6개 점포 탐방!

TOTAL 6시간

니시오기쿠보~기치조지 산책
TIME TABLE

- 12:00 sweet olive 금목서 다점
  ↓ 도보 6분
- 13:00 쇼안문고
  ↓ 도보 15분
- 14:30 HATTIFNATT 기치조지의 집
  ↓ 도보 5분
- 15:30 흰 수염 슈크림 공방 기치조지점
  ↓ 도보 4분
- 16:00 유리아 페무페루
  ↓ 도보 3분
- 17:30 chai break

## 1 백리가 숨쉬하는 작은 찻집
# sweet olive
# 金木犀茶店
스위트 올리브 금목서 다점

상하이(上海)와 선전(深圳) 출신 부부가 오픈한 가게. 크림에 찻잎을 넣은 롤케이크와 약선을 첨가한 파르페 등 중국과 서양이 융합한 새로운 감각의 디저트가 화제.

12:00

DATA는 → P.29

1. 철관음(鐵觀音)과 무화과 롤(680엔) & 금목서(金木犀)향이 나는 계화용정차(650엔)
2. 조명 위치를 낮춰 분위기 있는 내부

## 2 노스탤직한 코믹가 카페
# 松庵文庫 쇼안 문고

13:00

지어진 지 90년 된 민가를 이용한 북카페 & 숍. 어딘가 옛적을 느끼게 하는 공간에서 맛보는 커피와 디저트에 몸도 마음도 채워진다.

DATA는 → P.47

엣 자취를 간직하여 리뉴

1. 말돈 소금에 찍어 먹는, 적당히 달짝지근한 쇼안 문고 치즈케이크와 커피 세트(1320엔)
2. 옛날 욕실의 자취가 남아있다.

다이쇼도리
大正通り

기치조지역
吉祥寺駅

니시오기쿠보역
西荻窪駅

니시오기쿠보역
五日市街道

묘천도리
神明通り

井の頭
恩賜公園 이노카시라 은사공원

이노카시라도리
井の頭通り

'sweet olive 금목서 다점'의 파르페는 너무 달지 않고, 차의 향을 즐길 수 있는 어른의 파르페였습니다. (치바현·미카)

# 3 HATTIFNATT 吉祥寺のおうち 14:30

동화 같은 세계관이 멋지다.

하티프낫 기치조지의 집

마리니몬티니의 일러스트가 벽에 가득 그려져 있는 공간은 그림책 세계에 빠져든 듯한 느낌. 문어를 사용한 타코라이스와 호박 모양 케이크 등 섬세한 메뉴들.

**Map** P.122-A2 기치조지(吉祥寺)

🏠 무사시노시 기치조지 미나미초 2-22-1
☎ 0422-26-6773
🕐 11:30~22:00, 금·토 ~23:00 (L.O.는 1시간 전)
📅 월
🚉 JR 기치조지역 북쪽 출구에서 도보 8분

도심으로 돌아가 즐겨 보세요

아파트를 리폼한 목조 카페

1. 고기 대신 문어를 사용한 아보카도 타코라이스(1100엔)
2. 호박 몽블랑(583엔), 홋카이도산 호박크림 안에 차가운 사과가 들어있다.
3. 기분 좋은 카페 라떼(605엔)

고수나 바질을 토핑할 수 있는 스마일 치킨카레(1280엔)

# 5 16:00

문 안쪽은 별세계(別世界)

ゆりあぺむぺる

유리아 페무페루

1976년 오픈. 아르누보풍 인테리어가 돋보이는 레트로 찻집. 점포명의 유래는 미야자와 켄지(宮沢賢治)의 시집 『봄과 아수라』에 나오는 '유리아'와 '페무페루'.

**Map** P.122-A1 기치조지(吉祥寺)

🏠 무사시노시 기치조지 미나미초 1-1-6
☎ 0422-48-6822 🕐 11:30~24:00
📅 연중무휴
🚉 JR 기치조지역 남쪽(공원) 출구에서 도보 2분

왼쪽은 라피스 라줄리, 오른쪽은 석류의 크림소다(각 800엔)

---

1. 슈크림(420엔~)
2. 커스터드와 초콜릿 외에 계절 한정 크림이 2종류 정도 있다.
3. 기치조지점 한정 고양이버스 샌드(800엔)

사랑스러운 토토로 슈크림

# 4 白髭のシュークリーム工房 吉祥寺店 15:30

흰 수염 슈크림 공방 기치조지점

일본산 원료를 고집해 애정을 담아 만든, 스튜디오 지브리 공인 토토로 슈크림과 쿠키를 판매. 슈크림은 오전 중에 품절되는 경우도 있으므로 미리 전화 예약 추천.

**Map** P.122-A1 기치조지(吉祥寺)

🏠 무사시노시 기치조지 미나미초 2-7-5
☎ 0422-26-6550 🕐 11:00~18:00
📅 화 🚉 JR 기치조지역 남쪽(공원) 출구에서 도보 4분
🏠 [본점] 세타가야구 다이타 5-3-1

카운터석과 테이블석이 있다.

1. 6종류의 향신료가 들어간 오리지널 차이(770엔)
2. 수제 브리오슈 프렌치토스트(1100엔)

차이는 1잔씩 우려냅니다

**Map** P.122-A1

기치조지(吉祥寺)

🏠 무사시노시 고텐야마 1-3-2
☎ 0422-79-9071
🕐 9:00~19:00, 토·일·공휴일 8:00~19:00
📅 화
🚉 JR 기치조지역 남쪽(공원) 출구에서 도보 6분

맛있는 차이와 수제 디저트

# 6 chai break 17:30

차이 브레이크

이노카시라 공원 입구에 있는 홍차 전문점. '홍차를 캐주얼하게 즐긴다'를 컨셉으로 차이부터 최고급 싱글오리진 티까지 다채롭게 즐길 수 있다.

---

'chai break'에서는 평일 9:00~11:00에 시리얼, 샐러드, 차이를 세트로 한 모닝(880엔)을 제공.

니시오기쿠보·기치조지

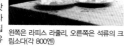

손님 무릎에 앉아 편안한 시간~

하라주쿠점에는 상시 30마리 이상의 미니피그가 있다.

어떤 미니피그를 만날지 기대되는 그날의 즐거움

사랑스러운 동물들과 힐링 타임

## 최신 동물 카페에 GO!

풍신풍신한 털이 자랑인 친칠라

## 미니피그와 놀 수 있는 카페
# mipig cafe
### 原宿店
미피그 카페 하라주쿠점

사랑스러운 미니피그와 놀며 차를 즐길 수 있는 꿈의 공간. 사람을 좋아하는 돼지가 무릎에 올라왔을 때가 셀카 찬스. 여러 마리가 동시에 올라오는 경우도!

**Map** P.117-A2 하라주쿠(原宿)

🏠 시부야구 진구마에 1-15-4 Barbizon 76
☎ 03-6384-5899　🕙 10:00~20:00
비정기 휴무　예약 필요
30분 1100엔 (1인 1음료)
JR 하라주쿠역 타케시타 출구에서 도보 3분
[메구로점] 메구로구 메구로 4-11-3　URL mipig.cafe

하라주쿠점은 개별룸도 완비(개별룸 요금 30분 550엔)

고양이 카페도 좋지만, 미니피그, 고슴도치, 수달까지 풍부하고 다양한 동물들과 함께하는 최신 동물 카페

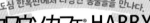

방안을 왔다 갔다 하며 동물들과 놀자.

## 도심 한복판에서 다양한 동물들을 만나다.
# カワウソカフェ HARRY
### 原宿テラス店
수달 카페 해리 하라주쿠테라스점

수달, 고슴도치, 친칠라 등 희귀한 동물과 놀 수 있는 카페. 고슴도치에게 먹이를 주거나 수달이 공놀이하는 모습을 보며 소중한 이색 카페 체험을 할 수 있다.

고슴도치에게 먹이를 주거나 안을 수도 있다.

**Map** P.117-A2 하라주쿠(原宿)

🏠 시부야구 진구마에 4-26-5 426빌딩 3층
☎ 03-3404-1212
🕙 11:00~19:00 (마지막 입장 18:30)
연중무휴
권장
30분 1540엔
지하철 메이지진구마에(하라주쿠)역 5번 출구에서 도보 9분
URL harinezumi-cafe.com/haralu-kuterrace

수달에게 먹이를 주거나 악수도 할 수 있다

BAAAAH BAAAAH

표정이 풍부하고 호기심이 왕성한 수달

# 카페에 관련된 이것저것 설문조사로 물어보았습니다.

카페 이용 빈도와 추천 점포는?
카페와 관련된 소박한 의문에 대해
전국 aruco 독자에게 설문조사 했습니다.
※설문조사는 2021년 8월에 실시.

## Q1 카페 이용 빈도는 어느 정도인가요?

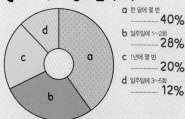

a 한 달에 몇 번
......... 40%

b 일주일에 1~2회
......... 28%

c 1년에 몇 번
......... 20%

d 일주일에 3~5회
......... 12%

**편집 스태프 VOICE** 평소에는 프랜차이즈 카페를 다니고, 친구와 만날 때는 엄선한 카페를 가는 식으로 구분해 이용하는 사람이 많다.

## Q2 카페를 이용하는 가장 큰 목적은 무엇인가요?

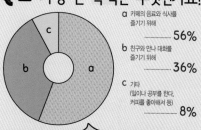

a 카페의 음료와 식사를 즐기기 위해
......... 56%

b 친구와 만나 대화를 즐기기 위해
......... 36%

c 기타
(일이나 공부를 한다. 커피를 좋아해서 등)
......... 8%

**편집 스태프 VOICE** 과반수가 음료와 식사를 즐기기 위해서라고 응답. 나 홀로 카페가 정착한 시대를 반영하고 있을지도.

## Q3 카페에서 사용하는 금액대를 알려 주세요. (1인당)

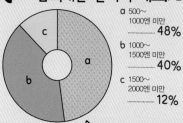

a 500~1000엔 미만
......... 48%

b 1000~1500엔 미만
......... 40%

c 1500~2000엔 미만
......... 12%

**편집 스태프 VOICE** 약 절반이 500~1000엔 미만이라고 응답. 느긋하게 커피나 홍차를 즐기고, 때때로 케이크 정도를 먹는 스타일이 많은 것 같다.

## Q4 카페에 머무는 시간을 알려 주세요.

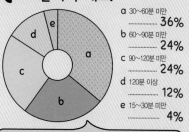

a 30~60분 미만
......... 36%

b 60~90분 미만
......... 24%

c 90~120분 미만
......... 24%

d 120분 이상
......... 12%

e 15~30분 미만
......... 4%

**편집 스태프 VOICE** 간단한 런치부터 느긋한 애프터눈 티까지 카페는 선택지가 넓기 때문에 머무는 시간도 다양하다.

## ♥ 독자들의 입소문! 나만의 숨겨둔 카페

### PARK COFFEE
파크 커피

어른이 되어서도 들를 수 있는, 공원 같은 커피숍을 콘셉트로 2021년 10월에 오픈한 카페. 편안하고 느긋하게 시간을 보낼 수 있다. 정기적으로 이벤트도 하고 있으므로 체크해 보자. (도쿄도 · K)

**Map** P.120-C2 오이마치(大井町)

🏠 시나가와구 오이 1-8-3
☎ 03-6754-4286
🕘 9:00~18:00, 토 · 일 · 공휴일 10:00~
休 연중무휴
🚇 JR 오이마치역 C출구에서 도보 2분

### CHAMBER OF RAVEN
챔버 오브 레이븐

판타지를 좋아하는 사람은 못 견디게 좋은 독특한 세계관에 몇 번이고 가고 싶어진다! 단골 한정 비밀의 방도 있다고. (SARAH)

**Map** P.116-B1 오기쿠보(荻窪)

🏠 스기나미구 아마누마 3-29-10
☎ 비공개 🕘 월~금 12:00~19:00
休 화~목 (공휴일인 경우 영업)
예약 필요
🚇 JR 오기쿠보역 북쪽 출구에서 도보 3분
URL www.raven2015.com

### cafe nook
카페 누크

낮에는 카페, 밤에는 바. 조용하게 시간을 보낼 수 있다. 갤러리 카페도 있어 예술 작품들도 즐길 수 있다. 스리랑카 카레 추천. (익명)

**Map** P.123-C1 요요기(代々木)

🏠 시부야구 요요기 1-37-3 이와사키빌딩 B1층
☎ 03-3373-7009
🕘 12:00~22:00, 토 13:00~
休 일 · 공휴일
🚇 JR 요요기역 북쪽 출구에서 도보 2분

### CHAVATY
차바티

우바티라는 음료는 찻잎의 아련한 단맛이 느껴지는 맛있습니다! (푸난)

DATA는 → P.97

도쿄 광역

埼玉県

東京都

神奈川県

東京湾

- コンビニエンスストア高橋 C P.72
- パーラー江古田 C P.73
- 不純喫茶ドープ C P.37
- 吉祥寺・西荻窪 P.122
- gmgm C P.32
- CHAMBER OF RAVEN P.115
- gion C P.34
- 도쿄북부 P.118-119
- W/O STAND SHIMOKITA C P.69
- 도쿄남부 P.120-121
- UNIVERSAL BAKES AND CAFE C P.75
- SUNDAY BRUNCH C P.33,40
- OGAWA COFFEE LABORATORY 下北沢 C P.58
- 二足歩行 coffee roasters C P.72
- ジュウニブンベーカリー S P.72
- 喫茶ネグラ C P.37
- STARBUCKS COFFEE よみうりランドHANA・BIYORI店 C P.82
- タケノとおはぎ C P.90
- ICHIBIKO桜新町店 C P.33
- 台湾茶藝館 桜樺苑 C P.19
- OXYMORON R P.40
- Mallorca C P.91
- 自由が丘 P.122
- L'atelier à ma façon C P.27
- Cafe The SUN LIVES HERE C P.90
- 蓮月 C P.48
- ASAKO IWAYANAGI PLUS S C P.28

MAP 범례

| | | |
|---|---|---|
| C 카페 | S 숍 | R 레스토랑 & 바 |

- ⊗ 학교
- 卍 절
- 〒 우체
- 神 신사
- ✕ 경찰서/파출소국
- ✚ 병원
- 消 소방서
- $ 은행

도보 표시
80m=건보 1분
구...240m

- 7 세븐일레븐
- 패밀리마트
- 로손
- M 맥도날드
- KFC KFC
- 모스버거
- 도토루 커피숍
- 스타벅스
- 카페 벨로체
- H 호텔

N 0 ... 5km

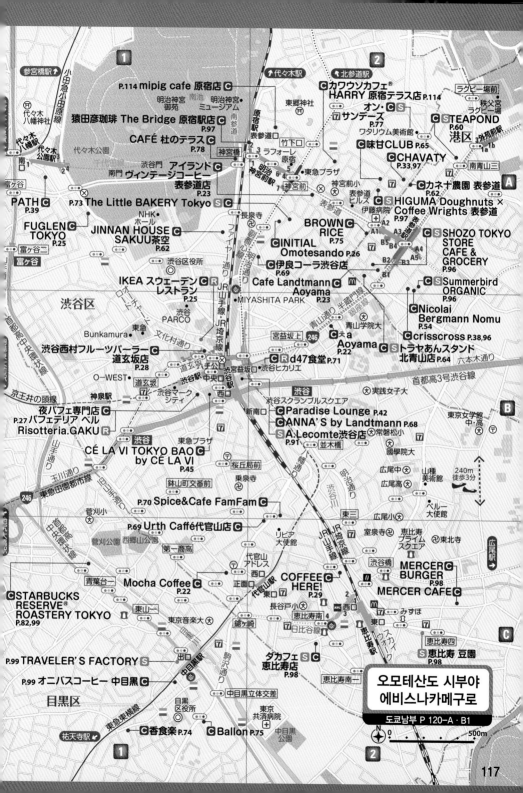

도쿄 북부

A

B

C

HANABAR ⓒ P.41

ⓒ comma tea P.68

TRÈS CALME ⓢ P.91

珈琲専門店 預言CAFE ⓒ 高田馬場 P.51

ⓒ Banana×Banana 西早稲田本店 P.68

ⓒ MACAPRESSO P.22

CAFE SOSEKI ⓒ P.77

ⓒ coffee mafia 西新宿 P.11

新宿 P.123

神楽坂 P.123

ⓒ OGA BAR by 小笠原伯爵邸 P.46

インド料理ムンバイ四谷店＋ⓒ ® The India Tea House P.21

1

2

P.120-12

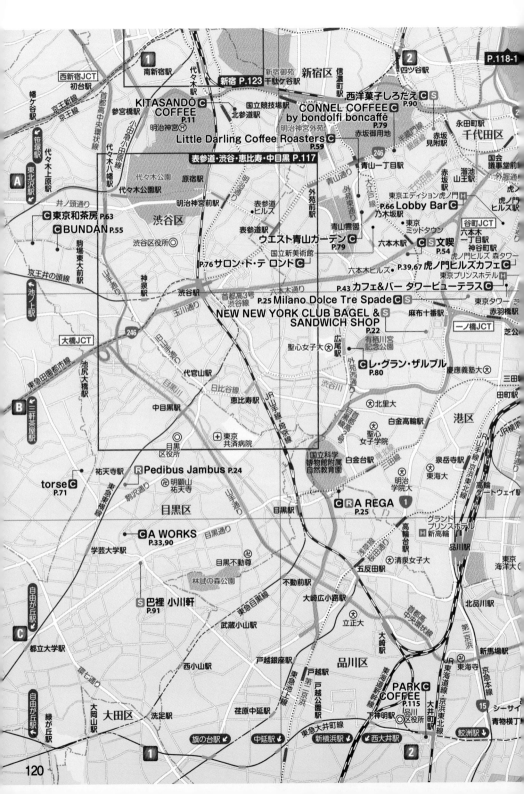

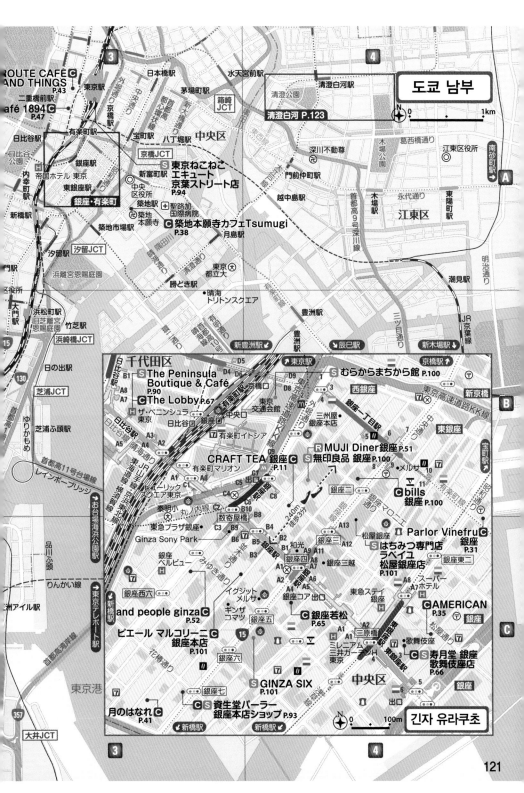

## 키치죠오지니시오기쿠보
광역 MAP P.116-B1

練馬区

善福寺公園

桃井四

成蹊大

第四小

吉祥寺通り

井荻小

青梅街道

成蹊小

東京女子大

荻窪中

杉並区

第一中

成蹊学園前

四軒寺

東京女子大前

地蔵坂

武蔵野市

第一小

五日市街道

女子大通り

海南チキンライス C
Mu-Hung
P.21

A

八幡宮前

第三中

アムリタ食堂 CR
P.20

コピス
吉祥寺

吉祥寺駅北

吉祥寺女子中・高

成蹊通り

東急

ヨドバシ
カメラ

西荻窪駅

井ノ頭通り

井ノ頭小

パルコ

北口吉祥寺駅

JR中央線

西荻南二

武蔵境駅

南口

松庵文庫 C S
P.47,112

三鷹駅

P.113 ゆりあべむべる C
P.113 chai break C

丸井

キラリナ
京王吉祥寺

C HATTIFNATT
吉祥寺のおうち
P.113

sweet oliv
金木犀茶店
P.29,112 C

KIKICHA TOKYO C
P.11

井の頭
自然文化園

松庵小前

白髭の
シュークリーム工房
吉祥寺店
P.113

ペパカフェ フォレスト C
P.81

井の頭
恩賜公園

240m
徒歩3分

cafe Lumiere C
P.31

京王井の頭線

井ノ頭通り

三鷹市

中央通り

北浦

吉祥寺通り

三鷹の森
ジブリ美術館

明星学園小

立教女学院中・高

三鷹台駅

N

0        500

---

## 지유가오카
광역 MAP P.116-C2

都立大学駅

目黒区

緑小通り

ラ・ヴィータ 自由が丘

古桑庵 C
P.49

自由が丘
公園

自由が丘
熊野神社

Sunset
Coffee Jiyugaoka
P.104

自由が丘
ひかり街

TODAY'S
SPECIAL
Jiyugaoka
P.105 S

学園通り

自由が丘デパート

東急東横線

すずかけ通り

なんとかブレッズ S

自由が丘 C
バーガー
P.70

緑が丘駅

パンと C
エスプレッソと
自由形
P.104

女神通り

緑が丘

自由が丘モンブラン S C
P.105

北口

HiO ICE CREAM
Atelier 自由が丘
P.105 S

正面口

自由が丘駅

フレル・ウィズ
自由が丘

玉川聖学院
中・高

南口

目黒通り

九品仏川緑道

TWG Tea Salon &
Boutique
Jiyugaoka
P.105 C S

東急大井町線

MAGIE DU
CHOCOLAT
P.93 S

世田谷区

240m
徒歩3分

等々力通り

九品仏駅

N

0     100m

田園調布駅

1

---

## 타니네치카
도쿄 북부 P.119-B3

西日暮里駅

荒川区

延命院

東口

千駄木三

谷中銀座

P.108 やなかしっぽや S

長明寺

HAGISO P.108

天王寺

須藤公園

よみせ通り

開運 谷中堂 S P.94,10

千駄木駅

防災広場
初音の森

カフェ猫衛門 C
P.94,10

団子坂下

文京八中

福相寺

功徳林寺

谷中霊園

汐見小

瑞輪寺

谷中ビアホール
P.48,109 C

へび道

谷中六

和菓子 薫風 P.65 C S

領玄寺

長久院

上野桜木

P.49 カヤバ珈琲 C

妙行寺

東京芸大
附属音楽学校

千駄木二

長聖寺

谷中六

上野桜木

東京芸

根津神社

玉林寺

黒田
記念

根津神社入口

根津小入口

美術学部

根津小

亀の子束子
谷中店
P.53 C S

240m
徒歩3分

上野高

台東区

根津のパン S
P.109

HOTEL
GRAPHY H

柴田医院

上野動物園

東京
案内所

文京区

七倉稲荷

出口

五重塔

伊豆伊

N

0     200m

湯島駅

2

---

더 저렴하고
더 쾌적하게!

# 도쿄를 즐기는 여행 테크닉

도쿄에서 카페를 순례할 때의 주의점과 도움 되는 정보를 소개.
알아두면 편리한 교통정보까지 체크해 두자!

출발 전에
읽으세요!

## Technique 01 방문 전 반드시 정기 휴일 확인하기!

도쿄의 카페와 디저트 가게는 화·수 등 평일 휴무인 곳도 많고, 정기 휴일과 더불어 매월 날짜가 바뀌는 비정기 휴일이 있는 곳도 있다. 그런 점포는 홈페이지나 인스타그램 등 공식 SNS 계정에 달마다의 휴일을 게시해 두니 반드시 사전에 확인하자. 카페 순례는 토·일을 추천.

## Technique 02 기간 한정 메뉴는 언제? 제철 과일 캘린더

매년 제철 과일을 사용한 계절 한정 메뉴가 등장하는 카페가 많다. 며칠간만 한정으로 판매하는 매우 드문 메뉴가 있는 가게도 있다. 아래를 참조하여 가고 싶은 카페에서 언제 한정 상품이 발매될지 체크해 보자.

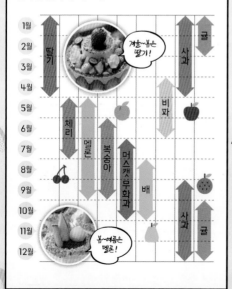

| 월 | | | | | |
|---|---|---|---|---|---|
| 1월 | 딸기 | | | 사과 | 귤 |
| 2월 | | 겨울~봄은 딸기! | | | |
| 3월 | | | | | |
| 4월 | | | | | |
| 5월 | | | 비파 | | |
| 6월 | 체리 | | | | |
| 7월 | | 멜론 복숭아 | | | |
| 8월 | | 머스캣무화과 | | | |
| 9월 | | | 배 | | |
| 10월 | | | | 사과 | |
| 11월 | | | | | 귤 |
| 12월 | 봄~여름은 멜론! | | | | |

## Technique 03 무조건 가고 싶은 카페는 예약을 추천

반드시 가고 싶은 카페가 예약이 가능한 카페라면 꼭 예약해 두자. 줄을 서야 하는 인기 가게도 웹이나 전화로 예약을 해두면 줄을 서지 않고 들어갈 수 있다. 예약을 받지 않거나 특정 시간대(개점부터 1시간, 오후 5시 이후 등)만 예약 가능한 등 별도의 방침이 있는 가게도 있으므로 SNS에서 확인하자.

사전 예약으로 웨이팅 없이

항상 웨이팅이 있는 '차향(→P.30)'은 점포에서 번호표 배부 및 온라인 예약 가능하다. 온라인으로 매일 오후 6시부터 다음 날 예약을 접수할 수 있는데, 접수 시작 몇 분 만에 거의 만석이 된다고 한다.

## Technique 04 베이커리 카페 추천 시간대

'AMERICAN'의 계란 샌드위치

베이커리 카페는 오전~점심 무렵에 갓 구워낸 빵이 진열될 확률이 높다. 제빵소가 설치되어 있지 않은 점포는 저녁쯤에는 품절되는 빵이 많아 선택지가 줄어들기 때문에 오전 중 방문을 추천.

갓 구워낸 빵을 구매하자

## Technique 05 캐시리스 점포가 점점 증가 현금으로만 결제하는 사람은 주의가 필요

해외에서는 몇 년 전부터 증가한 완전 캐시리스 점포가 코로나를 계기로 일본에서도 증가 중. 가고 싶은 가게의 지불 방법을 사전에 알아볼 시간이 없을 때는 신용카드나 IC카드, QR결제 등 현금 이외의 지불 수단을 준비해 두는 것이 좋다.

'차향(→P.30)'에서는 제철 재료를 사용한, 매달 바뀌는 계절 한정 팬케이크를 판매했습니다. (가나가와현·Y)

## 편리한 도쿄 교통정보

# 01 저렴한 티켓 Best 3

철도 이동 시 사용할 수 있는 9종류 정도의 저렴한 티켓 중에서도 가장 추천하는 상품!

※IC카드와 티켓은 운임이 다릅니다.

**Best 1** 도쿄 메트로·토에이(都営) 지하철 공통 1일 승차권(900엔)

**Best 2** 토쿠나이(都区内) 패스 (760엔)

**Best 3** 도쿄 메트로 24시간권 (600엔)

도쿄 메트로 첫 승차 170엔 6회, 토에이 지하철 첫 승차 180엔 5회 이용하면 본전을 뽑을 수 있다!

도심부 관광 시 가장 편리한 지하철(도쿄 메트로와 토에이 지하철)을 하루 종일 탈 수 있는 티켓. 당일권은 자동발매기에서 살 수 있다.

JR 첫 승차는 140엔 도쿄-니시오기쿠보 왕복으로 본전을 뽑을 수 있다!

23구 내의 JR보통열차(쾌속 포함)의 자유석을 하루 종일 탈 수 있다. 사전에 승차 구간이 정해져 있으므로 이용할 때 좋다. 추오선(中央線)으로 23구 밖(기치조지 및 그 너머)을 방문하는 경우에는 초과 운임 주의.

도쿄 메트로를 사용 개시 후 24시간 동안 탈 수 있다. 도쿄 도착이 오후인 경우 등에 최적. 긴선(金線) 지역에서 할인 등을 받을 수 있는 '치카토쿠'(URL chikatoku. enjoytokyo.jp)를 '도쿄 메트로·토에이 지하철 공통 1일 승차권'과 마찬가지로 이용 가능.

도쿄 메트로 첫 승차 170엔 4회 이용으로 본전을 뽑을 수 있다!

# 02 유용한 Travel Tips

꼭 기억하자! 도쿄에서 이동 시 안심 & 저렴한 정보 5가지.

당승해지면 편해!

### ☑ 도쿄 메트로의 저렴한 '환승'

도심부 역에서 개찰구를 나간 뒤 도쿄 메트로에서 다른 도쿄 메트로의 노선으로 환승하는 경우, 60분까지 외출이 가능! (IC카드 승차권도 티켓도 OK) 하지만 티켓과 회수권으로 환승할 때는 오렌지색 '환승 전용 개찰기'를 이용하는 것을 잊지 않도록 하자.

### ☑ 계단을 이용하기 전에 '안내 표지'를 체크

같은 플랫폼에서 이동해도 이용하는 계단 & 통로가 틀리면 멀리 떨어진 다른 장소에 도달하는 경우가 있다. 다음에 타야 할 노선명이나 이용할 출구 번호를 '안내 표지'에서 반드시 확인하고 계단을 타자.

### ☑ 승객 수가 많은 역 '탑 10'에서는 조심

도쿄 내에서 승객 수가 많은 역(편집부 조사)은 다음과 같다. 1위 신주쿠, 2위 이케부쿠로, 3위 도쿄. 이어서 신바시, 타카다노바바, 우에노, 시부야, 유락초, 시나가와, 요츠야까지가 탑 10. 이러한 역들은 출근 시간대에 이용 시 주의. 특히 커다란 짐을 갖고 이동할 때는 조심하자.

### ☑ 토에이(都営) 버스는 '균일요금 선불'로 안심

도쿄 내 주요 지역을 커버하는 토에이 버스. 도쿄 23구 내에서는 앞문으로 승차 시 균일 요금 210엔을 '선불'로. 물론 교통용 IC카드로 이용 가능. 간편하게 이용해 보자.

### ☑ 같은 이름인데 먼 역, 다른 이름이지만 가까운 역!

☆환승 주의 역

같은 이름이지만 환승하는 데 시간이 오래 걸리는 것이 아사쿠사, 와세다, 시부야 등이다. 시부야의 긴자선과 후쿠토신선의 깊이 차이는 8층 건물 정도!

| | | |
|---|---|---|
| 아사쿠사(츠쿠바익스프레스) | 도보 7~8분 | 아사쿠사(지하철 긴자선 아사쿠사선 도부철도) |
| 와세다(지하철 토자이선) | 도보 10분 | 와세다(토덴아라카와선) |
| 시부야(지하철 긴자선) | 깊이 차이 8층 건물 | 시부야(지하철 후쿠토신선) |

☆환승 최고 역

이름은 다르지만 신속하게 환승할 수 있는 역들. 그 외에 JR 센다가야(千駄ヶ谷)와 지하철 국립경기장, JR 타마치와 지하철 미타 등의 역이 환승에 편리.

| | | |
|---|---|---|
| 하라주쿠(JR 야마노테선) | 걸어서 금방 | 메이지진구마에(하라주쿠) (지하철 치요다선 후쿠토신선) |
| 하마마츠초(JR 야마노테선) | 걸어서 금방 | 다이몬(지하철 아사쿠사선 오에도선) |
| 유락초(JR 야마노테선 도쿄 메트로 유락초선) | 도보 5분 | 히비야(지하철 오에도선 유리카모메) |

# 03 재미있는 Railway Info

알아두면 대화거리가 되는 깨알 지식 & 유용한 정보 소개!

### ☑ JR 야마노테선은 1바퀴 도는 데 약 1시간!

시계 방향으로 달리는 전차가 외선, 시계 반대 방향이 내선. 안내 목소리로 식별할 수도 있는데 외선은 남성, 내선은 여성.

### ☑ 가장 깊은 지하철역은 오에도선의 롯폰기역!

플랫폼이 지하 42.3m에 있어 일본에서 가장 깊은 장소에 있다. 또한 지상에서 가장 높은 역은 히비야선의 기타센주역으로 14.4m.

### ☑ 지하철 플랫폼 기둥에 있는 '편리한 환승 맵'(のりかえ便利マップ)을 활용!

어떤 차량에 타면 환승이 편리한지, 에스컬레이터가 가까운지 한눈에 알 수 있다.

### ☑ 한 번쯤은 듣고 싶은 지역별 '역 멜로디'!

엘리펀트 카시마시와 연관된 지역의 JR 아카바네역은 5번선에서 『우리들의 내일(俺たちの明日)』, 6번선에서 『오늘밤 달과 같이(今宵の月のように)』. 지하철 히비야선의 아키하바라역에서는 AKB48 『사랑하는 포춘쿠키(恋するフォーチュンクッキー)』가 출발 멜로디.

### ☑ 지하철 노선 컬러는 해외에서 유래한 것도 있다!

긴자선은 베를린의 지하철 차체를 모델로 한 밝은 황색(오렌지). 마루노우치선의 빨강은 마루노우치선 건설 조사 당시 런던을 방문했을 때 만났던 담뱃갑 색깔에서 유래.

# index

127

도쿄
# 카페 순례

## aruco

초판 1쇄 인쇄 2024년 11월 20일
초판 1쇄 발행 2024년 11월 25일
저　　자　지구를 걷는 방법 편집실(地球の歩き方編集室)
번 역 자　김철용
펴 낸 이　정동명
디 자 인　서재선
인　　쇄　(주)재능인쇄

펴 낸 곳　(주)동명북미디어 도서출판 정다와
주　　소　경기도 과천시 뒷골1로 6 용마라이프 B동 2층
전　　화　02)3481-6801
팩　　스　02)6499-2082
홈페이지　www.dmbook.co.kr / www.kmpnews.co.kr

출판신고번호 2008-000161
ISBN 978-89-6991-043-1

정가 17,000원

aruco TOKYO NO CAFE MEGURI
Copyright ©Arukikata. Co., Ltd.
Original Japanese edition published in 2022 by Arukikata. Co., Ltd.
Korean translation rights arranged with Arukikata. Co., Ltd.
through Korea Copyright Center, Inc., Seoul

Producer : Yukari Fukui
Editor & Writer : Ayumi Kosaka, Yumiko Suzuki, Tami Okubo
Photographers : Mio Takenoshita, Kyoko Ushioda, Yukari Fukui
Designers : Yuri Uehara, Yukiko Takeguchi
Illustration : Miyokomiyoko, Yoko Akaebashi, TAMMY
Maps : Atelier Plan Co, Ltd.
Proofreading : Tokyo Shuppan Service Center Co., Ltd.
Special Thanks to : Naomi Tominaga, Yukari Yamamoto, Ayaka Yoshimura, Emi Watanabe

※ 이 도서의 국립중앙도서관 출판예정도서목록(CIP)은 서지정보유통지원시스템 홈페이지(http://seoji.nl.go.kr)와 국가자료공동
목록 시스템(http://www.nl.go.kr/kolisnet)에서 이용하실 수 있습니다.(CIP제어번호: CIP)